André Maurois

[法]安德烈·莫洛亚 著　傅雷 译

练 习 幸 福

北方文艺出版社

图书在版编目（CIP）数据

练习幸福 /（法）安德烈·莫洛亚著；傅雷译.——
哈尔滨：北方文艺出版社，2017.9

ISBN 978-7-5317-4004-9

Ⅰ.①练… Ⅱ.①安… ②傅… Ⅲ.①人生哲学 – 通
俗读物 Ⅳ.① B821-49

中国版本图书馆 CIP 数据核字（2017）第 212847 号

练习幸福
LIANXI XINGFU

作者 /［法］安德烈·莫洛亚

译者 / 傅雷

责任编辑 / 王金秋

出版发行 / 北方文艺出版社　　　　　网址 / www.bfwy.com

邮编 / 150080　　　　　　　　　　　经销 / 新华书店

地址 / 黑龙江现代文化艺术产业园 D 栋 526 室

印刷 / 北京旭丰源印刷技术有限公司　　开本 / 880×1230　1/32

字数 / 90 千　　　　　　　　　　　　印张 / 6

版次 / 2017 年 9 月第 1 版　　　　　　印次 / 2017 年 9 月第 1 次印刷

书号 / ISBN 978-7-5317-4004-9　　　　定价 / 39.80 元

序　言

　　本书包括五个演讲，愚意保存其演辞性质较更自然。窃欲以最具体、最简单的方式，对于若干主要问题有所阐发。人类之于配偶、于家庭、于国家究竟如何生活，斯为本书所欲探讨之要义。顾在研求索解时，似宜于事实上将人类在种种环境中之生活状况先加推究。孔德尝言："理论上的明智（sagesse théorique）当与神妙的实际的明智（sagesse pratique）融会贯通"；本书即奉此旨为圭臬。

安德烈·莫洛亚

（André Maurois）

目 录

论婚姻

　　在此人事剧变的时代，若将人类的行动加以观察，便可感到一种苦闷与无能的情操。什么事情都好似由于群众犯了一桩巨大的谬误，而这个群众却是大家都参加着的，且大家都想阻止，指引这谬误，而实际上终于莫名其妙地受着谬误的行动的影响。普遍的失业呀，灾荒呀，人权剥夺呀，公开的杀人呀，生长在前几代的人，倒似乎已经从这些古代灾祸中解放出来了。在五十年中，西方民族曾避免掉这种最可悲的灾祸。为何我们这时代又要看到混乱与强暴重新抬头呢？这悲剧的原因之一，我以为，是由于近代国家把组成纤维的基本细胞破坏了之故。

　　在原始的共产时代以后，一切文明社会的母细胞究竟是什么呢？在经济体系中，这母细胞是耕田的人借以糊口度日的小农庄，如果没有了这亲自喂猪养牛饲鸡割麦的农人，一个国家便不能生存。美洲正是一个悲惨的例子。它有最完美的工厂，最新式的机器，结果呢？一千三百万的失业者。为什么？因为这些太复杂的机器变得几乎不可思议了。人的精神追随不上它们的动作了。

并非美国没有农人，但它的巨大无比的农庄不受主人支配。堆积如山的麦和棉，教人怎能猜得到这些山会一下子变得太高了呢？在小农家，是有数千年的经验和眼前的需要安排好的，每一群自给自食的农人都确知他们的需要，遇着丰年，出产卖得掉，那么很好，可以买一件新衣，一件外套，一辆自由车。遇着歉收，那么，身外的购买减少些，但至少有得吃，可以活命。这一切由简单的本能统治着的初级社会，联合起来便形成稳重的机轴，调节着一个国家的行动。经济本体如此，社会本体亦是如此。

一般改革家，往往想建造一种社会，使别种情操来代替家庭情操，例如国家主义，革命情操，行伍或劳工的友谊等。在或长或短的时间距离中，家庭必改组一次。从柏拉图 [①] 到奚特 [②]，作家尽可诅咒家庭，可不能销毁它。短时期

---

① 柏拉图（Plato），古希腊哲学家。
② 奚特（André Gide），现译纪德，法国作家。

内，主义的攻击把它压倒了，精神上却接着起了恐慌，和经济恐慌一样不可避免，而人类重复向自然的结合乞取感情，有如向土地乞取粮食一般。

凡是想统治人类的人，无论是谁，必得把简单本能这大概念时时放在心上，它是社会有力的调节器。最新的世界，必须建筑于饥饿、愿欲、母爱等上面，方能期以稳固。思想与行动之间的联合最难确立。无思想的行动是非人的 [①]。不承担现实的重量的思想，则常易不顾困难。它在超越一切疆域之外，建立起美妙的但是虚幻的王国。它可以使钱币解体，可以分散财富，可以改造风化，可以解放爱情。但现实没有死灭得那么快。不论是政治家或道德家，都不能把国家全部改造，正如外科医生不能重造人身组织一样。他们的责任，在于澄清现局，创造有利于回复健康的条件；他们都应得顾及自然律，让耐性的、确实的、强有力的生命，把已死的细胞神秘地重行构造。

---

① 即无人性的，不近人情的。

在此，我们想把几千年来，好歹使人类不至堕入疯狂与混乱状态的几种制度加以研究。我们首先从夫妇说起。

拜仑 [①] 有言："可怕的是，既不能和女人一起过生活，也不能过没有女人的生活。"从这一句话里，他已适当地提出了夫妇问题。男子既不能没有女人而生活，那么什么制度才使他和女人一起生活得很好呢？是一夫一妻制么？有史以来三千年中，人类对于结婚问题不断地提出或拥护或反对的论据。拉勃莱 [②] 曾把这些意见汇集起来，在巴奴越 [③] 向邦太葛吕哀 [④] 征询关于结婚的意见的一章中：

邦太葛吕哀答道："既然你掷了骰子，你已经下了命令，下了坚固的决心，那么，再也不要多说，只去实行便是。"

"是啊，"巴奴越说，"但没有获得你的忠告和同意之

---

① 拜仑（George Gordon Byron），现译拜伦，19 世纪初英国浪漫主义诗人。
② 拉勃莱（François Rabelais），现译拉伯雷，16 世纪文艺复兴时期法国人文主义作家。
③ 巴奴越（Panurge），现译巴汝奇，讽刺小说《巨人传》中人物。
④ 邦太葛吕哀（Pantagruel），现译庞大固埃，讽刺小说《巨人传》中的人物。

前，我不愿实行。"

"我表示同意，"邦太葛吕哀答道，"而且我劝你这样做。"

"可是，"巴奴越说，"如果你知道最好还是保留我的现状，不要翻什么新花样，我更爱不要结婚。"

"那么，你便不要结婚。"邦太葛吕哀答道。

"是啊，但是，"巴奴越说，"这样你要我终生孤独没有伴侣么？你知道苏罗门①经典上说，'孤独的人是不幸的。'单身的男子永远没有像结婚的人所享到的那种幸福。"

"那么天啊！你结婚便是。"邦太葛吕哀答道。

"但，"巴奴越说，"如果病了，不能履行婚姻的义务时，我的妻，不耐烦我的憔悴，看上了别人，不但不来救我的急难，反而嘲笑我遭遇灾祸，（那不是更糟！）窃盗我的东西，好似我常常看到的那样，岂不使我完了吗？"

"那么你不要结婚便是。"邦太葛吕哀回答。

"是啊，"巴奴越说，"但我将永没有嫡亲的儿女，为

———————————

① 苏罗门（Solomon），现译所罗门，古代以色列王国第三位国王。

我希望要永远承继我的姓氏和爵位的，为我希望要传给他们遗产和利益的。"

"那么天啊，你结婚便是。"邦太葛吕哀回答。

在雪莱①的时代，有如拉勃莱的时代一样，男子极难把愿欲、自由不羁的情操，和那永久的结合——婚姻——融和一起。雪莱曾写过：

"法律自命能统御情欲的不规则的动作：它以为能令我们的意志抑制我们天性中不由自主的感情。然而，爱情必然跟踪着魅惑与美貌的感觉；它受着阻抑时便死灭了；爱情真正的原素只是自由。它与服从、嫉妒、恐惧，都是不两立的。它是最精纯的，最完满的。沉浸在爱情中的人，是在互相信赖的而且毫无保留的平等中生活着的。"

一百年后，萧伯讷②重新提起这问题时说："如果结婚是女子所愿欲的，男子却是勉强忍受的。"他的

---

① 雪莱（Percy Bysshe Shelley），英国浪漫主义诗人。
② 萧伯讷（George Bernard Shaw），现译萧伯纳，爱尔兰剧作家。

《邓·璜》^①说：

"我对女人们倾诉的话，虽然受人一致指责，但却造成了我的妇孺皆知的声名。只是她们永远回答说，如果我进行恋爱的方式是体面的，她们可以接受。我推敲为何要有这种限制，结果我懂得：如果她有财产，我应当接受，如果她没有，应当把我的贡献给她，也应当欢喜她交往的人及其谈吐，直到我老死，而且对于一切别的女人都不得正眼觑视。我始终爽直地回答说，我一点也不希望如此，如果女人的智慧并不和我的相等或不比我的更高，那么她的谈吐会使我厌烦，她交往的人或竟令我不堪忍受，我亦不能预先担保我一星期后的情操，更不必说终生了，我的提议和这些问题毫无关系，只凭着我趋向女性的天然冲动而已。"

由此可见，反对结婚的人的中心论据，是因为此种制度之目的，在于把本性易于消灭的情绪加以固定。固然，肉体的爱是和饥渴同样的天然本能，但爱之恒久性，并非本能

---

① 《邓·璜》（*Don Juan*），现译《唐·璜》，萧伯纳代表作。

啊。如果，对于某一般人，肉欲必需要变化，那么，为何要有约束终生的誓言呢 [1]？

也有些人说，结婚足以减少男子的勇气与道德的力量。吉伯林 [2] 在《凯芝巴族的历史》（l' Histoire des Gadsby）中叙述凯芝巴大尉，因为做了好丈夫而变成坏军官。拿破仑 [3] 曾言："多少男子的犯罪，只为他们对于女人示弱之故！"白里安 [4] 坚谓政治家永远不应当结婚："看事实罢，"他说，"为何我能在艰难的历程中，长久保持我清明的意志？因为晚上，在奋斗了一天之后，我能忘记；因为在我身旁没有一个野心勃勃的嫉妒的妻子，老是和我提起我的同僚们的成功，或告诉我人家说我的坏话……这是孤独者的力量。"婚姻把社会的痏狂加厚了一重障蔽，使男子变得更懦怯。

即是教会，虽然一方面赞成结婚比蓄妾好，不亦确言独

---

① 指婚姻。
② 吉伯林（Joseph Rudyard Kipling），现译吉卜林，英国作家。
③ 拿破仑（Napoléon Bonaparte），19 世纪法国政治家，法兰西第一帝国皇帝。
④ 白里安（Aristide Briand），法国政治家。

身之伟大而限令它的传教士们遵守么？伦理家们不是屡言再没有比一个哲学家结婚更可笑的事么？即令他能摆脱情欲，可不能摆脱他的配偶。人家更谓，即令一对配偶间女子占有较高的灵智价值，上面那种推理亦还是对的，反对结婚的人说："一对夫妇总依着两人中较为庸碌的一人的水准而生活的。"

这是对于婚姻的攻击，而且并非无力的；但事实上，数千年来，经过了多少政治的、宗教的、经济的骚乱剧变，婚姻依旧存在，它演化了，可没有消灭。我们且试了解它所以能久存的缘故。[①]

生存本能，使一切人类利用他人来保障自己的舒适与安全，故要驯服这天然的自私性格，必得要一种和它相等而相反的力量。在部落或氏族相聚而成的简单社会中，集团生活的色彩还很强烈，游牧漂泊的本能，便是上述的那种力量。

[①] 参看孔德著：*Politique Positive*（《实证政治体系》，卷二、卷三）；*Théorie Positive de la Famille*（《积极家庭论》）。孔德（Auguste Comte），19 世纪法国实证主义哲学家。

但疆土愈广，国家愈安全，个人的自私性即愈发展。在如此悠久的历史中，人类之能建造如此广大、如此复杂的社会，只靠了和生存本能同等强烈的两种本能，即性的本能与母性的本能。必须一个社会是由小集团组成的，利他主义方易见诸实现，因为在此，利他主义是在欲愿或母性的机会上流露出来的。

"爱的主要优点，在于能把个人宇宙化。"①

但在那么容易更换对象的性本能上面，如何能建立一种持久的社会细胞呢？爱，令我们在几天内，容受和一个使我们欢喜的男人或女子共同生活，但这共同生活，不将随着由它所产生的愿欲同时消灭么？可是解决方案的新原素便在于此。

"婚姻是系着于一种本能的制度。"

人类的游牧生活，在固定的夫妇生活之前，已具有神妙

---

① 见 D. H. 劳伦斯著：*Fantaisie de l'Incoseient*（《无意识幻想曲》）。D. H. 劳伦斯（D. H. Lawrence），20 世纪英国作家。

的直觉，迫使人类为了愿欲^①之故而在容易发誓的时候发了誓，而且受此誓言的拘束。我们亦知道在文明之初，所谓婚姻并非我们今日的婚姻，那时有母权中心社会，多妻制及一妻多夫制社会等。但时间的推移，永远使这些原始的形式，倾向于担保其持久性的契约，倾向于保护女子之受别的男人欺凌；保幼、养老，终于形成这参差的社会组织，而这组织的第一个细胞，即是夫妇。

萧伯讷的邓·璜说："社会组织与我何干？我所经意的只是我自身的幸福，盖于我个人人生之价值，即在永远有'传奇式的未来'之可能性；这是欲愿和快乐的不息的更新；故毫无束缚可言。"那么，自由的变换是否为幸福必不可少的条件？凡是享有此种生活的人，比他人更幸福、更自由么？

"造成迦撒诺伐^②与拜仑的，并非本能，而是一种恼怒

---

① 本文所言愿欲大抵皆指性本能。
② 迦撒诺伐（Giacomo Girolamo Casanova），现译卡萨诺瓦，18 世纪意大利冒险家，以风流好色著名。

了的想象，故意去刺激本能。如果邓·璜之辈只依着愿欲行事，他们亦不会有多少结合的了。"①

邓·璜并非一个不知廉耻的人，而是失望的感伤主义者。

"邓·璜自幼受着诗人、画家、音乐家的教养，故他心目中的女子亦是艺术家们所感应到的那一种，他在世界上访寻他们所描写的女人，轻盈美妙的身体，晶莹纯洁的皮肤，温柔绮丽，任何举止都是魅人的，任何言辞都是可爱的，任何思想都是细腻入微的。"

换一种说法，则假若邓·璜（或说是太爱女人的男子）对于女子不忠实②，那也并非他不希望忠实，而是因为他在此间找不到一个和他心目中的女子相等的女子之故。拜伦亦在世界上寻访一个理想的典型：温柔的女人，有羚羊般的眼睛，又解人又羞怯，天真的，贤淑的，肉感的而又贞洁的；是他说的"聪明到能够钦佩我，但不致聪明到希望自己受人钦佩"的女子。当一个女人使他欢喜时，他诚心想她将成为

---

① 见 D.H. 劳伦斯著：*Femmes Amoureuses*（《女人的爱情》）。
② 即男子对于女子不贞。

他的爱人，成为小说中的女主人、女神。等他认识较深时，他发现她和其他的人类一样，受着兽性的支配，她的性情亦随着健康而转移，她也饮食（他最憎厌看一个女人饮食），她的羚羊般的眼睛，有时会因了嫉妒而变得十分狂野，于是如邓·璜一般，拜伦逃避了。

但逃避并不曾把问题解决。使婚姻变得难于忍受的许多难题（争执、嫉妒、趣味的歧义），在每个结合中老是存在。自由的婚姻并不自由。你们记得李兹①和亚果夫人②的故事么？你们也可重读一次《安娜小史》③中，安娜偕龙斯基④私逃的记述。龙斯基觉得比在蜜月中的丈夫更受束缚，因为他的情人怕要失去他⑤。多少的言语行动举止，在一对结了婚的夫妇中间是毫无关系的，在此却使他们骚乱不堪。因为这对配偶之间没有任何联系，因为两个人都想着这可怕的念头："是不是完

---

① 李兹（Franz Liszt），现译李斯特，19 世纪匈牙利钢琴家。
② 亚果夫人（Mme d'Agoult），现译达高特夫人。
③ 托尔斯泰代表作，现译《安娜·卡列尼娜》。托尔斯泰，19 世纪中期俄国批判现实主义作家。
④ 现译渥伦斯基。
⑤ 即她怕他不爱她。

了？"龙斯基或拜仑，唯有极端忍心方得解脱。他应当逃走。但邓·璜并非忍心的人。他为逃避他的情人而不使她伤心起见，不得不勉强去出征土耳其。拜仑因为感受婚姻的痛苦，甚至希望恢复他的结合，与社会讲和。当然，且尤其在一个不能离婚的国家中，一个男人和一个女子很可能因了种种原因不得不和社会断绝关系，他们没有因此而不感痛苦的。

往往因了这个缘故，邓·璜（他的情人亦如此）发现，还是在婚姻中，男子和女子有最好的机会，可以达到相当完满的结合。在一切爱的结合之初，愿欲使男女更能互相赏识，互相了解。但若没有任何制度去支撑这种结合，在第一次失和时便有解散的危险。

"婚姻是历时愈久缔结愈久的唯一的结合。"[1]

一个结了婚的男子[2]，因为对于一个女子有了相当的认识，因为这个女子更帮助他了解一切别的女子，故他对于人生的观念，较之邓·璜，更深切、更正确。邓·璜所认识的

---

[1]　阿隆语。阿隆（Raymond Aron），20 世纪法国哲学家。
[2]　指对幸福的婚姻而言。

女子，只有两种：一是敌人，二是理想的典型。蒙丹朗①在
《独身者》（*Célibataires*）一书中，极力描写过孤独生活的
人的无拘束，对于现实世界的愚昧，他的狭隘的宇宙，"有
如一个系着宽紧带的球，永远弹回到自身"。凡是艺术家，
如伟大的独身者巴尔扎克②、史当达③、洛弗贝④、普罗斯德⑤
辈所能避免的缺点——如天真可笑的自私主义与怪癖等，一
个凡庸之士便避免不了。艺术家原是一个特殊例外的人，他
的一生，大半消磨于想象世界中而不受现实律令的拘束，且
因为有自己创造的需要而使本能走向别的路上去⑥。姑且丢
开他们不论，只是对于普通人，除了婚姻以外，试问究竟如

---

① 蒙丹朗（Henry de Montherlant），现译蒙泰朗，20 世纪法国作家。

② 巴尔扎克（Honoré de Balzac），19 世纪法国小说家。

③ 史当达（Stendhal），现译司汤达，19 世纪法国批判现实主义作家，以心
理分析著名。

④ 洛弗贝（Gustave Flaubert），现译福楼拜，法国 19 世纪小说家。

⑤ 普罗斯德（Marcel Proust），现译普鲁斯特，20 世纪法国小说家。

⑥ "英国三个最伟大的诗人，雪莱、伯莱克、弥尔顿，都曾愿望一夫多妻
制。这虽奇怪，却并不见得是令人惊异的事。一种才具自有他的绝对的
主见；一个艺术家不由自主地以为他的第一件责任是对于艺术的责任，
如果他关心艺术以外的事，便是错误，除非这以外的事实在特别重要。"
出自赫胥黎著：*Textes et Prétextes*（《目的和手段》）。赫胥黎（Aldous
Leonard Huxley），20 世纪英格兰作家。

何才是解决问题的正办？

漫无节制的放纵么？一小部分的男女试着在其中寻求幸福。现代若干文人也曾描绘过这群人物，可怪的是把他们那些模型加以研究之后，发觉这种生活亦是那么可怕，那么悲惨。恣意放纵的人不承认愿欲是强烈而稳固的情操。机械地重复的快乐，一时能帮助他忘掉他的绝望，有如鸦片或威士忌，但情操绝非从抽象中产生出来的，亦非自然繁殖的，恣意放纵的人自以为没有丝毫强烈的情操，即或有之，亦唯厌生求死之心，这是往往与放浪淫逸相附而来的。

"在纵欲方面的精炼并不产生情操上的精炼……幻想尽可发明正常性接触以外的一切不可能的变化，但一切变化所能产生的感情上的效果总是一样：便是屈辱下贱的悲感。"①

更新换旧式的结合么？那我们已看到这种方式如何使问题益增纠纷；它使男人或女人在暮年将临的时光孤独无伴，使儿童丧失幸福。一夫多妻制么？则基于此种制度的文明，

① 见赫胥黎著：*Proper Studies*（《适当的研究》）。

常被一夫一妻制的文明所征服。现代的土耳其亦放弃了多妻制，它的人民在体格上、在精神上都因之复兴了。自由的婚姻么①？合法的乱交么？则我们不妨研究一下俄国近几年来的风化演变。革命之初，许多男女想取消婚姻，或把婚姻弄得那么脆弱，使它只留一个制度上的名词。至今日，尤其在女子的影响之下，持久的婚姻重复诞生了。在曼奈（Mehnert）《比论俄罗斯青年界》一书中，我们读到一般想避免婚姻的两性青年们所营的共同生活的故事。其中一个女子写信给她的丈夫说："我要一种个人的幸福，小小的，简单的，正当的幸福。我希望在安静的一隅和你一起度日。我们的集团难道不懂得这是人类的一种需要么？"我们所有关于叙述现代俄罗斯的感情生活的记载，都证明这"人类的需要"已被公认了。

还有什么别的解决法么？探求合法结合的一种新公式么？在美洲有一位叫作林特赛（Lindsay）的推事，曾发明一

---

① 指男女在结婚以后，在性的关系上、在结合的久暂上，各有相当的自由。

种所谓"伴侣式"结合。他提议，容许青年男女作暂时的结合，等到生下第一个孩子时，才转变为永久的联系。但这亦犯了同样的错误，相信可以智慧地运用、创造出种种制度。法律只能把风化予以登录，却不能创造风化。实际上，似乎一夫一妻制的婚姻，在有些国家中加以离婚的救济，在有些国家中由于不贞的调剂，在我们西方社会中，成为对于大多数人不幸事件发生最少的解决法。

可是人们怎样选择他终生偕老的对手呢？先要问人们选择不选择呢？在原始社会中，婚姻往往由俘虏或购买以定。强有力的或富有财的男人选择，女子被选择。在 19 世纪时的法国，大多数的婚姻是安排就的，安排的人有时是教士们，有时是职业的媒人，有时是书吏，最多是双方的家庭。这些婚姻，其中许多是幸福的。桑太耶那 ① 说：

"爱情并不如它本身所想象的那么苛求，十分之九的爱情是由爱人自己造成的，十分之一才靠那被爱的对象。"

---

① 桑太耶那（George Santyanna），现译桑塔亚那，西班牙裔美国哲学家。

如果因了种种偶然之故，一个求爱者所认为独一无二的对象从未出现，那么，差不多近似的爱情也会在别一个对象身上感到。热烈的爱情常会改变人物的真面目。过于狂热的爱人，对于婚姻期望太奢，以致往往失望。美国是恋爱婚姻最多的国家，可亦是重复不已的离婚最盛的国家。

巴尔扎克在《两个少妇的回忆录》①中描写两种婚姻的典型，这描写只要把它所用的字汇与风格改换一下，那么在今日还是真确的。两个女主人中的一个，勒南②代表理智，她在给女友的信中写道：

"婚姻产生人生，爱情只产生快乐。快乐消灭了，婚姻依旧存在，且更诞生了比男女结合更可宝贵的价值。故欲获得美满的婚姻，只需具有那种对于人类的缺点加以宽恕的友谊便够。"

勒南，虽然嫁了一个年纪比她大而她并不爱的丈夫，终

---

① 《两个少妇的回忆录》（*Mémoires de deux jeunes mariées*），现译《两个新嫁娘》，《人间喜剧》中的一部。
② 勒南（Renée de l'Estorade），现译勒内。

于变得极端幸福。反之，她的女友鲁意丝 [1] 虽然是由恋爱而结婚的，却因过度的嫉妒，把她的婚姻生活弄得十分不幸，并以嫉妒而置丈夫于死地，随后自己亦不得善果。巴尔扎克的论见是：如果你联合健康、聪明、类似的家世、趣味、环境，那么只要一对夫妇是年轻康健的，爱情自会诞生。

"这样，"曼斐都番尔 [2] 说："你可在每个女人身上看到海伦 [3]。"

事实上，大战以来，如巴尔扎克辈及其以后的二代所熟知的"安排就的"婚姻，在法国有渐趋消灭以让自由婚姻之势。这是和别国相同的。可是为何要有这种演化呢？因为挣得财富、保守财富的思想，变成最虚妄、最幼稚的念头了。我们看到多少迅速的变化，多少出人意料的破产，中产者之谨慎小心，在此是毫无用处了。预先周张的原素既已消失，

---

[1]　鲁意丝（Louise de Chaulieu），现译路易丝。

[2]　曼斐都番尔（Méphistophélès），现译靡菲斯特，《浮士德》剧中人物。《浮士德》（Faust）是歌德的代表作，是一部现实主义和浪漫主义结合得十分完好的诗剧。歌德（Johann Wolfgang von Goethe），德国著名思想家、作家。

[3]　海伦（Hélène），希腊神话中的美女，在譬喻中不啻我国的西施。

预先的周张便无异痴想。加之青年人的生活比以前自由得多，男女相遇的机会也更容易。食资与身家让位了，取而代之的是美貌、柔和的性情、运动家式的亲狎等。

是传奇式的婚姻么？不完全是。传奇式的结晶特别对着不在目前的女子而发泄。流浪的骑士是传奇式的人物，因为他远离他的美人；但今日裸露的少女，则很难指为非现实的造物。我们的生活方式倾向于鼓励欲愿的婚姻，欲愿的婚姻并不必然是恋爱的婚姻，这是可惋惜的么？不一定。血性有时比思想更会选择。固然，要婚姻美满，必须具备欲愿以外的许多原素，但一对青年如果互相感到一种肉体的吸引，确更多构造共同生活的机会。

"吸引"这含义浮泛的名词，能使大家怀有多少希望。"美"是一个相对的概念。"它存在于每个赏识'美'的人的心目中。"某个男人，某个女子，认为某个对手是美的，别人却认为丑陋不堪。灵智的与道德的魅力可以增加一个线条并不如何匀正的女子的妩媚。性的协和并不附带于美，而往往是预感到的。末了，还有真实的爱情，常突然把主动者与被动者同时变得极美。一个热恋的人，本能地会在他天然的优点之外，增加许多后天的魅力。鸟儿歌唱，有如恋人写情诗。孔雀开屏，有如男子在身上装饰奇妙的形与色。一个网球名手，一个游泳家，自有他的迷力。只是，体力之于我们，远不及往昔那么重要，因为它已不复是对于女子的一种安全保障。住院医生或外交官的会试，代替了以前的竞武角力。女子亦采用新的吸引方法了。如果我看到一个素来不喜科学的少女，突然对于生物学感到特别兴趣时，我一定想她受着生物学者的鼓动。我们亦看到一个少女的读物往往随着她的倾向而转变，这是很好的。再没有比精神与感觉的同时觉醒更自然、更健全的了。

　　但一种吸引力，即使兼有肉体的与灵智的两方面，还是不足造成美满的婚姻。是理智的婚姻呢？抑爱情的婚姻？这倒无关紧要。一件婚姻的成功，其主要条件是：在订婚期内，必须有真诚的意志，以缔结永恒的夫妇。我们的前辈以金钱结合的婚姻所以难得是真正的婚姻的缘故，因为男子订婚时想着他所娶的是奁资，不是永久的妻子，"如果她使我厌烦，我可以爱别的。"以欲愿缔结的婚姻，若在未婚夫妇心中当作是一种尝试的经验，那么亦会发生同样的危险。

"每个人应当自己默誓，应当把起伏不定的吸引力永远固定。"

"我和她或他，终生缔结了；我已选定了；今后我的目的不复是寻访使我欢喜的人，而是要使我选定的人欢喜。"

想到这种木已成舟的念头，固然觉得可怕，但唯有这木已成舟的定案，才能造成婚姻啊。如果誓约不是绝对的，夫妇即极少幸福的机会，因为他们在第一次遇到的阻碍上和共同生活的无可避免的困难上，即有决裂的危险。

共同生活的困难常使配偶感到极度的惊异。主要原因是两性之间在思想上、在生活方式上，天然是冲突的。在我们这时代，大家太容易漠视这些根本的异点。女子差不多和男子作同样的研究；她们执行男人的职业，往往成绩很好；在许多国家中，她们也有选举权，这是很公道的。这种男女间的平等，虽然发生极好的效果，可是男人们不应当因之忘记女人终究是女人。孔德对于女性所下的定义说："她是感情的动物,男子则是行动的动物。"在此,我们当明白,对于女子,"思想与肉体的关联比较密切得多"。女人的思想远不及男人的抽象。

男人爱构造种种制度,想象实际所没有的世界,在思想上改造世界,有机会时,还想于行动上实行。女子在行动方面的天赋便远逊了,因为她们有意识地或无意识地潜心于她的主要任务,先是爱情,继而是母性。女人是更保守、更受种族天性的感应。男子有如寄生虫,有如黄蜂,因为他没有多大的任务,却有相当的余力,故发明了文明、艺术,与战争。男人心绪的转变,是随着他对外事业之成败而定的。女人心绪的转变,却是和生理的动作关联着的。浑浑噩噩的青年男子,则其心绪的变化,常有荒诞、怪异、支离、执拗的神气;巴尔扎克尝言,年轻的丈夫令人想到沐猴而冠的样子。

女人亦不懂得行动对于男子的需要。男子真正的机能是动,是狩猎,是建造,做工程师、泥水匠、战士。在婚后最初几星期中,因为他动了爱情,故很愿相信爱情将充塞他整个的生命。他不愿承认他自己固有的烦闷。烦闷来时，他寻求原因。他怨自己娶了一个病人般的妻子，整天躺着，不知自己究竟愿望什么。可是女人也在为了这个新伴侣的骚动而感到痛苦。年轻的男子，烦躁地走进一家旅馆：这便是蜜月旅行的定型了。我很知道，在大半情形中，这些冲突是并不严重的，加以少许情感的调剂，很快便会平复。但这还得心目中时常存着挽救这结合的意志，不断地互相更新盟誓才行。

因为什么也消灭不了性格上的深切的歧义，即是最长久、最美满的婚姻，也不可能。这些异点可被接受，甚至可被爱，但始终存在。男子只要没有什么外界的阻难可以征服时，便烦闷；女人只要不爱了，或不被爱了时，便烦闷。男人是发明家，他倘能用一架机器把宇宙改变了，便幸福；女人是保守者，她倘能在家里安安静静做些古老的简单的工作，便幸福。即是现在，在数千万的农家，在把机器一会儿拆一会儿装的男人旁边，还有女人织着绒线，摇着婴孩睡觉。阿仑① 很

---

① 现译阿隆，详见 16 页。

正确地注意到，男子所造的一切，都带着外界需要的标识，他造的屋顶，其形式是与雨、雪有关的，阳台是与太阳有关的，舟车的弧线是由风与浪促成的；女子的一切作业则带着与人体有关的唯一的标识，靠枕预备人身凭倚，镜子反映人形。这些都是两种思想性质的简单明了的标记。

男人发明主义与理论，他是数学家、哲学家、玄学家。女子则完全沉浸于现实中，她若对于抽象的主义感兴趣，亦只是为了爱情（如果那主义即是她所喜欢的男人的主义），或是为了绝望之故（如果她被所爱的男子冷淡）。即以史太埃夫人①而论，一个女哲学家，简直是绝了女人的爱情之路。最纯粹的女性的会话，全由种种故事、性格的分析，对于旁人的议论，以及一切实际的枝节组成的。最纯粹的男性的会话，却逃避事实，追求思想。

一个纯粹的男子，最需要一个纯粹的女子去补充他，不论这女子是他的妻，是他的情妇，或是他的女友。因了她，

———————

① 史太埃夫人（Mme de Staël），现译斯塔尔夫人，19世纪初法国浪漫派女作家。

他才能和种族这深切的观念保持恒久的接触。男人的思想是飞腾的。它会发现无垠的天际，但是空无实质。它把"词句的草秆当作事实的谷子"。女人的思想老是脚踏实地的：它每天早上都是走的同样的路，即使女人有时答应和丈夫一起到空中去绕个圈子，她也要带一本小说，以便在高处也可找到人类、情操，和多少温情。

女子的不爱抽象观念，即是使她不涉政治的理由么？我以为，若果女人参与政治而把其中的抽象思想加以驱除时，倒是为男子尽了大力呢。实用的政治，与治家之道相去不远：至于有主义的政治却是那么空洞、模糊、危险。为何要把这两种政治混为一谈呢？女人之于政治，完全看作乐观的问题与卫生问题。男人们即是对于卫生问题也要把它弄成系统问题，自尊自傲问题。这是胜过女人之处么？最优秀的男子忠于思想，最优秀的女子忠于家庭。如果为了政党的过失以致生活程度高涨，发生战争的危险时，男人将护卫他的党派，女人将保障和平与家庭，即使因此而改易党派，亦所不惜。

　　但在这个时代，在女子毫不费力地和男子作同样的研究，且在会考中很易战败男子的时代，为何还要讲什么男性精神、女性精神呢？我们已不是写下面这些句子的世纪了："人家把一个博学的女子看作一件美丽的古董，是书房里的陈设，可毫无用处。"当一个住院女医生和她的丈夫——亦是医生——谈话时，还有什么精神上的不同？只在于一个是男性一个是女性啊！一个少女，充其量，能够分任一个青年男子的灵智生活。处女们是爱研究斗争的。恋爱之前的华尔姬丽①是百折不挠的，然而和西葛弗烈特②相爱以后的华尔姬丽呢？她是无抵抗的了，变过了。一个现代的华尔姬丽，医科大学的一个女生，和我说："我的男同学们，即在心中怀着爱情方面的悲苦时，仍能去诊治病人，和平常一样。但是我，如果我太不幸了的时候，我只能躺在床上哭。"女人只有生活于感情世界中，才会幸福。故科学教她们懂得纪律亦

---

① 华尔姬丽（Walkyrie），现译瓦尔基里，瓦格纳歌剧中之女英雄。瓦格纳（Wilhelm Richard Wagner），19世纪德国作曲家。
② 西葛弗烈特（Siegfried），现译西格弗里德，瓦格纳歌剧中之男英雄。

是有益的。阿仑有言：

"人类的问题，在于使神秘与科学得以调和，婚姻亦是如此。"

女子能够主持大企业，其中颇有些主持得很好。但这并不是使女子感到幸福的任务。有一个在这种事业上获得极大的成功的女子，对人说："你知道我老是寻访的是什么？是一个能承担我全部事业的男人。而我，我将帮助他。啊！对于一个我所爱的领袖，我将是一个何等样的助手！……"的确，我们应当承认她们是助手而不是开辟天地的创造者。人家可以举出乔治·桑①、勃龙德（Brontë）姊妹②、哀里奥③、诺阿叶夫人④、曼殊斐儿⑤……以及生存在世的若干天才女作家。固然不错，但你得想想女子的总数。不要以为我是想减低她们的价值。我只是把她们安放在应该安放的位置

---

① 乔治·桑（George Sand），19世纪法国小说家。
② 现译勃朗特姊妹，19世纪英国女作家。
③ 哀里奥（Eliot），现译艾略特，19世纪英国女作家玛丽·安·伊万斯（Mary Ann Evans）之笔名。
④ 诺阿叶夫人（Mme de Noailles），法国女诗人。
⑤ 曼殊斐儿（Katherine Manthfield），现译曼斯菲尔德，新西兰短篇小说家。

上。她们和现实的接触，比男人更直接，但要和顽强的素材对抗、奋斗——除了少数例外——却并非她们的胜长。艺术与技巧，是男性过剩的精力的自然发泄。女人的真正的创造却是孩子。

那些没有孩子的女子呢？但在一切伟大的恋爱中间，都有母性存在。轻佻的女人固然不知道母性这一回事，可是她们亦从未恋爱过。真正的女性爱慕男性的"力"，因为她们稔知强有力的男子的弱点。她们爱护男人的程度，和她受到爱护的程度相等。我们都知道，有些女人，对于她所选择、所改造的男子，用一种带着妒意的温柔制服他们。那些不得不充作男人角色的女子，其实还是保持着女性的立场。英后维多利亚（Queen Victoria）并非一个伟大的君王，而是一个化妆了的伟大的王后。狄斯拉哀利①和洛斯贝利②固然是她的大臣，但一部分是她的崇拜者，一部分是她的孩子。她想着

---

① 狄斯拉哀利（Benjamin Disraëli），现译迪斯雷利，第一代比肯斯菲尔德伯爵英国保守党领袖、三届内阁财政大臣，两度出任英国首相。
② 洛斯贝利（Rosbery），现译罗斯贝里，曾任英国首相，自由党人。

国事有如想着家事，想着欧洲的冲突有如想着家庭的口角。

"你知道吗？她和洛斯贝利说，因为是一个军人的女儿，我对于军队永远怀有某种情操。"又向德皇说："一个孙儿写给祖母的信，应当用这种口气么？"①

我是说两性之中一性较优么？绝对不是。我相信若是一个社会缺少了女人的影响，定会堕入抽象，堕入组织的疯狂，随后是需要专制的现象。因为既没有一种组织是真的，势必至以武力行专制了，至少在一时期内要如此。这种例子，多至不胜枚举。纯粹男性的文明，如希腊文明，终于在政治、玄学、虚荣方面崩溃了。唯有女子才能把爱谈主义的黄蜂——男子，引回到蜂房里，那是简单而实在的世界。没有两性的合作，绝没有真正的文明。但两性之间没有对于异点的互相接受，对于不同的天性的互相尊重，也便没有真正的两性合作。

现代小说家和心理分析家最常犯的错误之一，是过分重视性生活及此种生活所产生的情操。在法国如在英国一样，

———————

① 德皇威廉二世，系英后维多利亚之外孙。

近三十年来的文学，除了少数的例外，是大都市文学，是轻易获得的繁荣的文学，是更适合于女人的文学。在这种文学中，男人忘记了他的两大任务之一，即和别的男子共同奋斗，创造世界，"不是为你们的世界，亲爱的女人，"而是一个本身便美妙非凡的世界，男人会感到可以为这世界而牺牲一切，牺牲他的爱情，甚至他的生命。

女子的天性，倾向着性爱与母爱；男子的天性，专注于外界。两者之间固存着无可避免的冲突，但解决之道亦殊不少。第一，是创造者的男子的自私的统治。洛朗斯①曾言：

"唤醒男子的最高感应的，绝不是女子。而是男子的孤寂如宗教家般的灵魂，使他超脱了女人，把他引向崇高的活动。……耶稣说：'女人，你我之间有何共同之处？'凡男子觉得他的灵魂启示他何种使命、何种事业的时候，便应和他的妻子或母亲说着同样的话。"

凡一切反抗家庭专制的男子，行动者或艺术家，便可以上

---

① 现译劳伦斯，详见 12 页。

述的情操加以解释或原恕。托尔斯泰甚至逃出家庭。他的逃避
只是可怜的举动，因为在这番勇敢的行为之后，不久便老病以
死。但在精神上，托尔斯泰早已逃出了他的家庭；在他的主义
和生活方式所强制他的日常习惯之间，冲突是无法解救的。画
家高更①抛弃了妻儿财产，独自到泰伊蒂岛②上过活，终于回
复了他的本来。但托尔斯泰或高更的逃避是一种弱点的表现。
真正坚强的创造者会强制他的爱人或家庭尊重他的创造。在
歌德家中，没有一个女人曾统治过。每逢一个女子似乎有转
变他真正任务的倾向时，歌德便把她变成固定的造像。他把
她或是写成小说或是咏为诗歌，此后，便离开她了。

　　当环境使一个男子必须在爱情与事业（或义务）之间选
择其一的时候，女人即感到痛苦，有时她亦不免抗拒。我们
都稔悉那些当水手或士兵的夫妇，他们往往为了情操而把前
程牺牲了。白纳德③以前曾写过一出可异的剧本，描写一个

---

①　高更（Paul Gauguin），19 世纪法国后印象派画家。
②　泰伊蒂岛（Tahiti），现译塔希堤岛。
③　白纳德（Arnold Bennett），现译本涅特，英国作家。

飞行家经过了不少艰难，终于娶得了他所爱的女子。这女子确是一个杰出的人才，赋有美貌、智慧、魅力、思想，她在初婚时下决心要享受美满的幸福。他们在山中的一家旅店中住下，度着蜜月，的确幸福了。但丈夫忽然得悉他的一个劲敌已快要打破他所造成的最得意的航空纪录，立刻，他被竞争心鼓动了，妻子和他谈着爱情，他一面听一面想着校准他的引擎。末了，当她猜到他希望动身时，她悲哀地、喁喁地说："你不看到在我女人的生涯中，这几天的光阴，至少和你在男子生活中的飞行家的冒险同样重要么？"但他不懂得，无疑的，他也应该不懂得。

因为如果情欲胜过了他的任务，男子也就不成其为男子了。这便是萨松①的神话，便是哀克尔②跪在翁华尔

---

① 萨松（Samson），现译参孙，《圣经·士师记》中的犹太人士师，生于前11世纪的以色列，为希伯来法官，以勇力过人著名。相传其勇力皆藏于长发中，后参孙惑于一女，名达丽拉（Delilah）。达丽拉趁参孙熟睡，将其长发剃去，自此遂失其勇。

② 哀克尔（Hercules），现译赫拉克勒斯，为希腊神话中最有勇力之神，惑于吕底亚女王翁法勒。吕底亚女王翁法勒命赫拉克勒斯在膝下纺织为女工。赫拉克勒斯从之。

（Omphale）脚下的故事。一切古代的诗人都曾歌咏为爱情奴隶的男子。美丽的巴丽斯①是一个恶劣的兵士，嘉尔曼（Carmen）诱使她的爱人堕落，玛侬（Manon）使她的情人屡次犯罪。即是合法的妻子，当她们想在种种方面支配丈夫的生活时，亦会变成同样可怕的女人。

"当男子丧失了对于创造活动的深切意识时，他感到一切都完了。的确，他一切都完了。当他把女人或女人与孩子作为自己的生命中心时，他便堕入绝望的深渊。"

一个行动者的男子，而只有在女人群中才感到幸福，绝不是一种好现象。这往往证明，他惧怕真正的斗争。威尔逊，那个十分骄傲的男子，不能容受人家的抵触与反抗，故他不得不遁入崇拜他的女性群中。和男子冲突时，他便容易发怒，这永远是弱的标识啊，真正强壮的男子爱受精神上的打击，有如古代英雄爱有刀剑的击触一样。

然而，在一对幸福的配偶中，女子也自有她的地位和时间。

---

① 巴丽斯（Paris），希腊神话人物，以美貌著名，恋美女海伦，掳之以归，遂被希腊人围攻特洛伊城（Troie）。

"因为英雄并非二十四小时都是英雄的啊……拿破仑或其他任何英雄可以在茶点时间回家，穿起软底鞋，体味他夫人的爱娇，绝不因此而丧失他的英雄本色。因为女人自有她自己的天地；这是爱情的天地，是情绪与同情的天地。每个男子也应得在一定的时间脱下皮靴，在女性宇宙中宽弛一下，纵情一下。"

而且一个男子在白天离家处于男子群中，晚上再回到全然不同的另一思想境界中去，亦是有益的事。真正的女子绝不妒忌行动、事务、政治生活或灵智生活；她有时会难受，但她会掩饰痛苦而鼓励男子。安特洛玛克①在哀克多②动身时忍着泪。她有她为妻的任务。

综合以上所述，我们当注意的是：不论一件婚姻是为双方如何愿望，爱情如何浓厚，夫妇都如何聪明，他俩至少在最初数天将遇到一个使他们十分惊异的人物。

可是初婚的时期，久已被称为"蜜月"。那时候，如果

---

① 安特洛玛克（Andromaque），现译安德罗玛克，赫克托耳的妻子。
② 哀克多（Hector），现译赫克托耳，古希腊英雄，特洛伊第一勇士。

两人之间获得性生活方面的和谐，一切困难最初是在沉迷陶醉中遗忘的。这是男子牺牲他的朋友，女子牺牲她的嗜好的时期，在《约翰·克里司朵夫》①中，有一段关于婚期的女子的很真实的描写，说这女子"毫不费力地对付抽象的读物，为她在一生任何别的时期中所难于做到的。仿佛一个梦游病者，在屋顶上散步而丝毫不觉得这是可怕的梦。随后她看见屋顶，可也并未使她不安，她只自问在屋顶上做些什么，于是她回到屋子里去了"。

不少女人在几个月或几年之后回到自己屋子里去了。她们努力使自己不要成为自己，可是这努力使她支持不住。她们想着："我想跟随他，但我错误了。我原是不能这样做的。"

男子方面，觉得充满着幸福，幻想着危险的行动。

拜仑所说在蜜月之后的"不幸之月"，便是如此造成的；这是狂热过度后的颓丧。怨偶形成了。有时，夫妇间并

---

① 《约翰·克里司朵夫》（*Jean-Christophe*），现译《约翰·克利斯朵夫》，罗曼·罗兰代表作。罗曼·罗兰（Romain Rolland），法国作家。

不完全失和，虽然相互间已并不了解，但大家在相当距离内还有感情。

有一次，一个美国女子和我解释这等情境，说："我很爱我的丈夫，但他住在一个岛上，我又住在另一个岛上，我们都不会游泳，于是两个人永远不相会了。"

奚特曾言：

"两个人尽可过着同样的生活，而且相爱，但大家竟可互相觉得谜样的不可测！"

有时候这情形更严重，从相互间的不了解中产生了敌意。你们当能看到，有时在饭店里，一个男人，一个女子，坐在一张桌子前面，静悄悄的，含着敌意，互相用批评的目光瞩视着。试想这种幽密的仇恨，因为没有一种共同的言语而不能倾诉，晚上亦是同床异梦，一声不响地，男子只听着女子呻吟。

这是不必要的悲剧么？此外不是有许多幸福的配偶么？当然。但若除了若干先天构成的奇迹般的和谐之外，幸福的夫妇，只因为他们不愿任凭性情支配自己而立意要求幸福之

故。我们时常遇到青年或老年，在将要缔婚的时候，因怀疑
踌躇而来咨询我们。这些会话，老是可异地和巴奴越与邦太
葛吕哀的相似。

　　"我应当结婚么？"访问者问。

　　"你对于你所选择的他（或她）爱不爱呢？"

　　"爱的，我极欢喜见到他（或她）；我少不了他（或
她）。"

　　"那么，你结婚便是。"

　　"无疑的，但我对于缔结终生这事有些踌躇……因此而
要放弃多少可能的幸福真是可怕。"

　　"那么你不要结婚。"

　　"是啊，可是这老年的孤寂……"

　　"天啊，那么你结婚就是！"

　　这种讨论是没有结果的。为什么？因为婚姻本身（除了
少数幸或不幸的例外）是无所谓好坏的。成败全在于你。只

有你自己才能答复你的问句，因为你在何种精神状态中预备结婚，只有你自己知道。

"婚姻不是一件定局的事，而是待你去做的事。"

如果你对于结婚抱着像买什么奖券的念头："谁知道？我也许会赢得头彩，独得幸运……"那是白费的。实在倒应该取着艺术家创作一件作品时那样的思想才对。丈夫与妻子都当对自己说："这是一部并非要写作而是要生活其中的小说。我知道我将接受两种性格的异点，但我要成功，我也定会成功。"

假如在结婚之初没有这种意志，便不成为真正的婚姻。基督旧教的教训说：

"结婚的誓约在于当事人双方的约束，而并非在于教士的祝福。"

这是很好的思想。如果一个男人或女人和你说："我要结婚了……什么？才得试一试……如果失败，也就算了，总可有安慰的办法或者是离婚。"那你切勿迟疑，应得劝他不必结婚。因为这不是一件婚姻啊。即是具有坚强的意志，热烈的情绪，小心翼翼的谨慎，还是谁也不敢确有成功的把握，尤其因为这项事业的成功不只关系一人之故。但如果开始的时候没有信心，则必失败无疑。

婚姻不但是待你去做，且应继续不断把它重造的一件事。无论何时，一对夫妇不能懒散地说："这一局是赢得了，且休息罢。"人生的偶然，常有掀动波澜的可能。且看大战曾破坏掉多少太平无事的夫妇，且看两性在成年期间所能遭遇的危险。所以要每天重造才能成就最美满的婚姻。

当然，这里所谓每天的重造，并不是指无穷的解释，互相的分析与忏悔。关于这种危险，曼尔蒂①与夏杜纳②说得很对：

"过分深刻的互相分析，会引致无穷尽的争论。"

故"重造"当是更简单、更幽密的事。一个真正的女子不一定能懂得但能猜透这些区别，这些危险，这种烦闷。她本能地加以补救。男子也知道，在某些情形中，一瞥，一

---

① 曼尔蒂（Meredith），现译梅雷迪思。
② 夏杜纳（Chardonne），现译沙尔多纳。

笑，比冗长的说明更为有益。但不论用什么方法，总得永远重造。人间没有一样东西能在遗忘弃置中久存的。房屋被弃置时会坍毁，布帛被弃置时会腐朽，友谊被弃置时会淡薄，快乐被弃置时会消散，爱情被弃置时亦会溶解。应当随时葺理屋顶，解释误会才好。否则仇恨会慢慢积聚起来，蕴藏在心魂深处的情操，会变成毒害夫妇生活的恶薮。一旦因了细微的口角，脓肠便会溃发，使夫妇中每个分子发现他自己在另一个人心中的形象而感到害怕。

因此，应当真诚，但也得有礼。在幸福的婚姻中，每个人应尊重对方的趣味与爱好。以为两个人可有同样的思想，同样的判断，同样的欲愿，是最荒唐的念头。这是不可能的，也是要不得的。我们说过，在蜜月时期，爱人们往往因了幻想的热情的幸福，要相信两个人一切都相似，终于各人的天性无可避免地显露出来。故阿仑曾言：

"如果要婚姻成为夫妇的安乐窝，必得要使友谊慢慢代替爱情。"

代替么？不，比这更复杂。在真正幸福的婚姻中，友谊必得与爱情融和一起。友谊的坦白在此会发生一种宽恕和温柔的区别。两个人得承认他们在精神上、灵智上是不相似的，但他们愉快地接受这一点，而且两人都觉得这倒是使心灵上互相得益的良机，对于努力解决人间纠纷的男子，有一个细腻、聪明、幽密、温柔的女性在他身旁，帮助他了解他所不大明白的女性思想，实在是一支最大的助力。

所谓愿欲，虽然是爱情的根源，在此却不能成为问题。在这等结合中，低级的需要升华了。肉体的快乐，因了精神而变成超过肉体快乐远甚的某种境界的维持者。对于真正结合一致的夫妇，青春的消逝不复是不幸。白首偕老的甜蜜的情绪令人忘记了年华老去的痛苦。

拉·洛希夫谷[①]曾有一句名言，说：

"尽有完满的婚姻，绝无美妙的婚姻。"

我却希望本文能指出人们尽可想象有美妙的。但最美妙的绝不是最容易的。两个人既然都受意气、错误、疾病等的

---

① 拉·洛希夫谷（La Rochefoucauld），现译拉·罗什富科，17世纪法国古典作家。

支配，足以改变甚至弄坏他们的性情，共同生活又怎么会永远没有困难呢？没有冲突的婚姻，几与没有政潮的政府同样不可想象。只是当爱情排解了最初几次的争执之后，当感情把初期的愤怒化为温柔的、嬉戏似的宽容之后，也许夫妇间的风波将易于平复。

归结起来是：婚姻绝非如浪漫底克的人们 ① 所想象的那样；而是建筑于一种本能之上的制度，且其成功的条件不独要有肉体的吸引力，且也得要有意志、耐心、相互的接受及容忍。由此才能形成美妙的、坚固的情感，爱情、友谊、性感、尊敬等的融和，唯有这，方为真正的婚姻。

---

① 即热情的富于幻想的人。

论父母与子女

如果我要对于家庭问题有所说法，我定会引用梵莱梨[①]的名句：

"每个家庭蕴藏着一种内在的特殊的烦恼，使稍有热情的每个家庭分子都想逃避。但晚餐时的团聚，家中的随便、自由，还我本来的情操，确另有一种古代的有力的德性。"

我所爱于这段文字者，是因为它同时指出家庭生活的伟大与苦恼。一种古代的有力的德性，一种内在的特殊的烦恼。是啊，差不多一切家庭都蕴蓄着这两种力量。

试问一问小说家们，因为凡是人性的综合的集合的形象，必得向大小说家探访。巴尔扎克怎么写？老人葛里奥[②]对于女儿们的关切之热烈，简直近于疯狂，而女儿们对他只是残酷冷淡；克朗台[③]一家，母女都受父亲的热情压迫，以

① 梵莱梨（Paul Valéry），现译瓦雷里，法国象征派诗人。
② 葛里奥（Goriot），现译高老头。
③ 克朗台（Grandet），现译葛朗台。

至感到厌恶；勒·甘尼克（Le Guennic）家庭却是那么美满。
莫利亚克①又怎么写？在 *Le Noeud de Vipères*② 中，垂死的老
人病倒在床上，听到他的孩子们在隔室争论着分析财产问
题，争论着他的死亡问题：老人所感到的是悲痛，孩子们所
感到的是，那些有利害冲突而又不得不过着共同生活的人们
的互相厌恶；但在 *Le Mystère Frontenac*③ 中，却是家庭结合
的无可言喻的甘美，这种温情，有如一群小犬在狗窝里互偎
取暖，在暖和之中又有互相信赖，准备抵御外侮的情操。

丢开小说再看现实生活，你将发现同样的悲喜的交织……
晚餐时的团聚……内在的特殊的烦恼……我们的记忆之中，都
有若干家庭的印象，恰如梵莱梨所说的，"既有可歌可颂，又
有可恼可咒的两重性格。"我们之中，有谁不曾在被人生创伤
了的时候，到外省静寂的、宽容的家庭中去寻求托庇？一个朋
友能因你的聪慧而爱你，一个情妇能因你的魅力而爱你，但一

---

① 莫利亚克（François Mauriac），现译莫里亚克，法国小说家。
② 译为《蝮蛇结》。
③ 译为《弗隆特纳克家的秘密》。

个家庭能不为什么而爱你，因为你生长其中，你是它的血肉之一部。可是它比任何人群更能激你恼怒。有谁不在青年的某一时期说过："我感到窒息，我不能在家庭里生活下去了；他们不懂得我，我亦不懂得他们。"曼殊斐儿十八岁时，在日记上写道："你应当走，不要留在这里！"但以后她逃出了家庭，在陌生人中间病倒了时，她又在日记上写道："想象中所唯一值得热烈景慕的事是，我的祖母把我安放在床上，端给我一大杯热牛奶和面包，两手交叉着站在这里，用她曼妙的声音和我说：'哦，亲爱的……这难道不愉快么？'啊！何等神奇的幸福。"

实际是，家庭如婚姻一样，是由本身的伟大造成了错综、繁复的一种制度。唯有抽象的思想才单纯，因为它是死的。但家庭并非一个立法者独断的创造物，而是自然的结果；促成此结果的是两性的区别，是儿童的长时间的幼弱，和由此幼弱促成的母爱，以及由爱妻、爱子的情绪交织成的父爱。我们为研究上较有系统起见，先从这大制度的可贵的和可怕的两方面说起。

先说它的德性。我们可用和解释夫妇同样的说法，说家庭的力量，在于把自然的本能当作一种社会结合的凭借。联系母婴的情操是一种完全、纯洁、美满的情操，没有丝毫冲突。对于婴孩，母亲无异神明。她是全能的。若是她自己哺育他的话，她是婴儿整个欢乐、整个生命的泉源。即使她只照顾他的话，她亦是减轻他的痛苦、增加他的快乐的人，她是最高的托庇，是温暖，是柔和，是忍耐，是美。对于母亲那方面，孩子竟是上帝。

母性，有如爱情一样，是一种扩张到自己身外的自私主义，由此产生了忠诚的爱护。因了母爱，家庭才和夫妇一样，建筑于本能之上。要一个社会能够成立，"必须人类先懂得爱"①，而人类之于爱，往往从母性学来。一个女子对于男子的爱，常含有若干母性的成分。乔治·桑爱缪塞②么？爱晓邦③么？是的，但是母爱的成分甚于性爱的成分。例外么？我不相信。如华伦斯夫人④，如贝尼夫人⑤……母性中久

---

① 见阿隆著：*Les Sentiments Familiaux*（《家庭情感》）。
② 缪塞（Alfred de Musset），19 世纪法国作家。
③ 晓邦（F.F.Chopin），现译肖邦，19 世纪波兰作曲家。
④ 华伦斯夫人（Mme de Warens），现译华恩丝夫人，卢梭早年时的保护者兼情妇。卢梭（Jean-Jacques Rousseau），18 世纪法国思想家。
⑤ 贝尼夫人（Mme de Berny），现译伯尔尼夫人，巴尔扎克年轻时的情人。

留不灭的成分，常是一种保护他人的需要。女人之爱强的男子，只是表面的，且她们所爱的往往是强的男子的弱点（关于这，可参阅萧伯纳的 *Candida* [1] 和 *Soldat de Chocolat* [2] ）。

孩子呢？如果他有福分有一个真正女性的母亲，他亦会受了她的教诲，在生命初步即懂得何谓毫无保留而不求酬报的爱。从母爱之中，他幼年便知道人间并不完全是敌害的，也有温良的接待，也有随时准备着的温柔，也有可以完全信赖而永不有何要求的人。这样开始的人生是精神上的极大的优益；凡是乐观主义者，虽然经过失败与忧患，而自始至终抱着信赖人生的态度的人们，往往都是由一个温良的母亲教养起来的。反之，一个恶母，一个偏私的母亲，对于儿童是最可悲的领导者。她造成悲观主义者，造成烦恼不安的人。我曾在《家庭圈》[3] 中试着表明，孩子和母亲的冲突如何能毒害儿童的心魂。但太温柔、太感伤的母亲也能产生很大的恶

---

[1]　译为《念珠菌》。
[2]　译为《巧克力战士》。
[3]　《家庭圈》（*Le Cercle de Famille*），莫洛亚所著小说。

果，尤其对于儿子，使他太早懂得强烈的、热狂的情操。史当达曾涉及这问题，洛朗斯的全部作品更和此有关。"这是一种乱伦，"他说，"这是比性的乱伦更危险的精神的乱伦，因为它不易被觉察，故本能亦不易感到其可厌。"关于这，我们在下文涉及世代关系及发生较缓的父亲问题时再行讨论。

既然我们试着列举家庭的德性和困难，且记住家庭是幼年时代的"爱的学习"。故我们虽然受到损害，在家庭中仍能感到特异的幸福。但这种回忆，并非是使我们信赖家庭的唯一的原因。家庭并且是一个为我们能够显露"本来面目"（如梵莱梨所云）的处所。

这是一件重大的、难得的德性么？我们难道不能到处显露"本来面目"么？当然不能。我们在现实生活中不得不扮演一个角色，采取一种态度。人家把我们当作某个人物，我们得尽官样文章般的职务，我们要过团体生活。一个主教，一个教授，一个商人，在大半的生涯中，都不能保有自己的本来面目。

在一个密切结合的家庭中，这个社会的角色可以减到最低限度。试想象家庭里晚间的情景：父亲躺在安乐椅中读着报纸，或打瞌睡；母亲织着绒线，和大女儿谈着一个主妇生活中所能遇到的若干难题；儿子中间的一个，口里哼着什么调子，读着一本侦探小说，第二个在拆卸电插，第三个旋转着无线电周波轴，搜寻欧洲某处的演说或音乐。这一切都不十分调和。无线电的声音，扰乱父亲的阅览或瞌睡；父亲的沉默，使母亲感到冷峻；母女的谈话，令儿子们不快，且他们也不想掩藏这些情操。礼貌在家庭中是难得讲究的。人们可以表示不满，发脾气，不答复别人的问话，反之，亦能表示莫名其妙的狂欢。家庭中所有的分子，都接受亲族的这些举动，且应当尽量地容忍。只要注意"熟悉的"一词的双重意义，便可得到有益的教训①。一种熟悉的局面，是常见的、不足为奇的局面。人们讲起一个朋友时，说"他是一家人"时，意思是在他面前可以亲密地应付，亦即是可用在社会上被认为失礼的态度去应付。

　　刚才描写的那些人物，并非在家庭中感着陶醉般的幸福，但他们在其中觉得有还我自由的权利，确有被接受的把

---

① Familier 一词，作"亲密""熟悉"解，但其语源，出于"家庭"（Famille）一词。

握，获得休息，且用莫利亚克的说法，"有一种令人温暖、令人安心的感觉"。他们知道是处于互相了解的人群中，且在必要时会互相担负责任。如果这幕剧中的演员有一个忽然头痛了，整个蜂房会得骚动起来。姊姊去铺床，母亲照顾着病人，兄弟中的一个到药房里去。受着病的威胁的个人在此是不会孤独的。没有了家庭，在广大的宇宙间，人会冷得发抖。在因为种种原因而使家庭生活减少了强度的国家（如美国、德国、战后的俄国）中，人们感有迫近大众的需要，和群众一起思维的需要。他们需要把自己的情操、自己的生活，和千万人的密接起来，以补偿他们所丧失的这小小的、友爱的、温暖的团体。他们试着要重获原始集团生活的凝聚力，可是在一个巨大的民族中，这常是一件勉强而危险的事。

"连锁关系"且超出父母子女所形成的家庭集团以外，在古罗马族中，它不独联合着真正的亲族，且把联盟的友族、买卖上的主顾及奴隶等，一起组成小部落。在现代社会中，宗族虽然没有那样稳定——因为组成宗族的家庭散布太广了——但还是相当坚固。在任何家庭中，你可以发现来历不明的堂兄弟，或是老处女的姑母，在家庭中过着幽静的生活。巴尔扎克的作品中，有堂兄弟邦，有姑母加丽德；在莫利亚克的小说中，也有叔叔伯伯。班琪[①]曾着力描写那些政界中的大族，学界中的大族，用着极大的耐性去搜寻氏族中的职位、名号、勋位，甚至追溯到第四代的远祖。

我用氏族这名词。但在原始氏族，和在夏天排列在海滩上的我们的家族之间，有没有区别呢？母亲在粗布制的篷帐下面，监护着最幼的孩子；父亲则被稍长的儿童们围绕着钓虾。这个野蛮的部落自有它的言语。在许多家庭中，字的意义往往和在家庭以外所用的不同。当地的土语令懂得的人狂笑不已，而外地的人只是莫名其妙。好多氏族对于这种含有神秘色彩的亲密感着强烈的快意，以至忘记了他们以外的世界。也有那些深闭固拒，外人无从闯入的家庭，兄弟姊妹们的童年生活关联得那么密切，以至他们永远分离不开。和外界的一切交际，于他们都是不可能的。即使他们结了婚，那

_____

[①] 班琪（Charles Péguy），现译夏尔·佩吉，法国诗人。

些舅子、姊丈、妹倩、嫂子等，始终和陌生人一样。除了极少数能够同化的例外，他们永不会成为家庭中之一员。他们不能享受纯种的人的权利，人家对于他们的态度也更严厉。

我们认识有些老太太们，认为世界上唯一有意义的人物，只是属于自己家庭的人物，而家庭里所有的人物都是有意义的，即是他们从未见过的人亦如此。这样，家庭便堕入一种团体生活的自私主义中去了，这自私主义不但是爱，而是自卫，而是对外的防御联盟。奚特写道："家庭的自私主义，其可憎的程度仅次于个人的自私主义。"我不完全赞成他的意见。家庭的自私主义固然含有危险，但至少是超出个人的社会生活的许多原素之一。

只是，家庭必得要经受长风的吹拂与涤荡。

"每个家庭蕴藏着内在的特殊的烦恼……"

我们已描写过家庭里的夜晚，肉体与精神都宽弛了，而每个人都回复了他的自然的动作。休息么？是的，但这种自由把人导向何处去呢？有如一切无限制的自由一样，它会导向一种使生活变得困难的无政府状态。阿仑描写过那些家庭，大家无形中承认，凡是一个人所不欢喜的，对于一切其他的人都得禁止，而咕噜也代替了真正的谈话：

"一个人闻着花香要不舒服，另一个听到高声要不快；一个要求晚上得安静，另一个要求早上得安静；这一个不愿人家提起宗教，那一个听见谈政治便要咬牙切齿；大家都得忍受相互的限制，大家都庄严地执行他的权利。

"一个说：'花可以使我整天头痛。'另一个说：'昨晚我一夜没有合眼，因为你在晚上十一点左右关门的声音太闹了之故。'"

"在吃饭的时候，好似国会开会时一般，每个人都要诉苦。不久，大家都认识了这复杂的法规。于是，所谓教育，便只是把这些律令教给孩子们。"[1]

在这等家庭中，统治着生活的是最庸俗的一般人，正如一个家庭散步时，是走得最慢的脚步统治着大家的步伐。自己牺牲么？是的，但亦是精神生活水准的降低和堕落。证据

---

[1] 见阿隆著：*Propos sur le Bonheur*（《论幸福》）。

是只要有一个聪明的客人共餐时，这水准会立刻重新升高。为什么？往常静悄悄的或只说一些可怜的话的人们，会变得神采奕奕呢！因为他们为了一个外来的人，使用了在家庭中所不愿使用的力量。

因此，家庭的闭关自守是件不健康的事。它应当如一条海湾一样，广被外浪的冲击。外来的人不一定要看得见，但大家都得当他常在面前。这外来人，有时是一个大音乐家，有时是一个大诗人。我们看到在新教徒家庭里，人们的思想如何受着每天诵读的《圣经》的熏陶。英国大作家中，许多人的作风是得力于和这部大书常常亲接的结果。在英国，女子自然而然写作得很好，这或许亦因为这宗教作品的诵读代替了家庭琐细的谈话，使她们自幼便接触着伟大的作风之故。17世纪，法国女子如赛维尼夫人①、拉斐德夫人②辈，亦是受着拉丁教育的益处。阿仑又言：

"若干家庭生活的危险之一，是说话时从不说完他的

———————————

① 赛维尼夫人（Mme de Sévigné），17世纪法国作家。
② 拉斐德夫人（Mme de La Fayette），17世纪法国作家。

句子。"

对于这一点，我们当使家庭和人类最伟大的作品常常亲接，真诚的宗教信仰、艺术的爱好（尤其是音乐）、共同的政治信念、共同合作的事业，这一切都能使家庭超临它自己。

一个人的特殊价值，往往最难为他家庭中的人重视，并非因为仇视或嫉妒，而是家庭惯在另一种观点上去观察他之故。试读勃龙德姊妹的传记，只有父亲一人最不承认她们是小说家。托尔斯泰夫人固然认识托尔斯泰的天才，他的孩子们崇拜他，也努力想了解他，但妻子儿女，都不由自主地对他具有一切可笑的、无理的、习惯的普通人性格，和他的大作家天才，加以同样的看法。托尔斯泰夫人所看到的他，是说着"雇用仆役是不应当的"一类的话，而明天却出人不意地嘱咐预备十五位客人的午餐的人。

在家庭中，我们说过，可以还我本来，是的，但也只能还我本来而已。我们无法超临自己。在家庭中，圣者会得出惊，英雄亦无所施其技，阿仑说过：

"即令家庭不至于不认识我的天才，它亦会用不相干的恭维以掩抑天才的真相。"

这种恭维，并不是因为了解他的思想，而是感到家庭里出了一个天才是一件荣誉。如果姓张、姓李之中出了一个伟大的说教者或政治家，一切姓张、姓李的人都乐开了，并非因为说教者的演辞感动他们，政治家的改革于他们显得有益，而是认为姓张、姓李的姓氏出现于报纸上是件光荣而又好玩的事。一个地理学家演讲时，若是老姑母去听讲，亦并非因为她欢喜地理学，而是为爱侄子之故。

由此观之，家庭有一种使什么都平等化的平凡性，因了肉体的热情，否定了精神上的崇高，这一点足为若干人反抗家庭的解释。我以前虽引用过奚特在《尘世的食粮》①一书中的诅咒："家庭，闭塞的区处，我恨你！"我并请你回忆一下他的《神童》（*Enfant Prodigue*）一书中长兄劝弱弟摆脱家庭、回复自由的描写。可见，即是在最伟大、最优秀的人的生涯中，也有不少时间令人想到为完成他的使命起见，

---

① 《尘世的食粮》（*Les Nourritures Terrestres*），现译《人间的粮食》。

应得离开这过于温和的家，摆脱这太轻易获得的爱和相互宽容的生活。这种时间，便是托尔斯泰逃到寺院里以至病死的时间，也即是青年人听到"你得离开你的爸爸妈妈"的呼声的时间，也就是高更抛妻别子独自到泰伊蒂岛上去度着僧侣式画家生活的时间。我们之中，每个人一生至少有一次，都曾听到长兄的呼声而自以为神童。

我认为，这是一种幻象。逃避家庭，即逃避那最初是自然的继而是志愿的结合，那无疑是趋向另一种并不自然的生活，因为人是不能孤独地生活的。离开家，则将走向寺院，走向文学团体，但它们也有它们的宽容，它们的束缚，它们的淡漠呢。不然，便如尼采[①]一样走向疯狂。

"在抽象的幻想中是不会觉得孤独的。"

但如玛克·奥莱尔[②]所说：

"明哲之道，并非是处于日常事务之外保守明哲，而是在固有的环境之下保守明哲。"

---

① 尼采（Friedrich Wilhelm Nietzsche），19 世纪德国哲学家。
② 玛克·奥莱尔（Marc-Aurèle），现译马可·奥勒留，2 世纪罗马皇帝。

逃避家庭生活是容易的，可是徒然的；改造并提高家庭生活将更难而更美。只是有些时候，青年们自然而然看到家庭的束缚超过家庭的伟大，这是所谓"无情义年龄"。兹为作进一步的讨论起见，当以更明确的方法，研究家庭内部的世代关系。

我们已叙述过这世代关系在幼婴年龄的情状。在母亲方面，那是本能的，毫无保留的温柔；在儿童方面，则是崇拜与信赖：这是正常状态。在此，我们当插叙父母在儿童的似乎无关重要的时期最容易犯的若干错误。最普通的是养成娇养的儿童，使儿童惯于自以为具有无上的权威，而实际上，他表面的势力只是父母的弱点所造成的。这是最危险不过的事。一个人的性格在生命之初便形成了。有无纪律这一回事，在一岁以上的儿童，你已替他铸定了。我常听见人家说（我自己也常常说）：

"大人对于儿童的影响是极微妙的；生就的性格是无法可想的。"

但在多数情形中，大人颇可用初期的教育以改造儿童性格，这是人们难得想到的事。对于儿童，开始便当使他有规律的习惯，因为凡是不懂得规律的人，是注定要受苦的。人生和社会自有它们无可动摇的铁律。疾病与工作绝不会造成娇养的儿童。每个人用他的犁锄，用他的耐性和毅力，开辟出他自己的路。可是娇养的儿童，生活在一个神怪的虚伪的世界之中；他至死相信，一颦一笑，一怒一哀，可以激起别人的同情或温柔。他要无条件地被爱，如他的过于懦弱的父母一样爱他。我们大家都识得这种娇养的老小孩，如那些因为有天才爬到了权威的最高峰的人，末了终于因一种极幼稚的举动把一切都失掉了。又如那些在六十岁时还以为眉目之间足以表现胸中块垒的女子。要补救这些，做母亲的必得在儿童开始对于世界有潜默的主要的概念时，教他懂得规律。

阿特莱医生①曾述及若干母亲因为手段拙劣之故，在好几个孩子中间不能抱着大公无私的态度，以致对于儿童产生极大的恶影响及神经刺激。在多数家庭中，兄弟姊妹的关系是友爱的模型。但假若以为这是天然的，就未免冒失了。仇敌般的兄弟，是自有文明以来早就被描写且是最悲惨的局面之一，这悲剧且亦永无穷尽。儿童诞生时的次序，在他性格的形成上颇有重大作用。第一个孩子几乎常是娇养的。他的微笑，他的姿态，对于一对新婚的、爱情还极浓厚的夫妇，显得是新奇的、魅人的现象。家庭的注意都集中于他。不要以为儿童自己是不觉得的；正是相反，他竟会把这种注意，这种中心地位，认作是人家对他应尽的义务。

第二个诞生了。第一个所受的父母的温情，必得要和这敌手分享，他甚至觉得自己为了新生的一个而被忽视，他感到痛苦。做母亲的呢，她感到最幼弱的一个最需要她，这亦是很自然的情操。她看着第一个孩子渐渐长大，未免惆怅；把大部分的爱抚灌注到新生的身上去了。而对于那刚在成形的幼稚的长子，这确是剧烈的变动，深刻的悲哀，留下久难磨灭的痛苦的痕迹。儿童的情操甚至到悲剧化的程度。他们会诅咒不识趣的闯入者，祝祷他早死，因为他把他们所有的权威都剥夺了。有的想以怨艾的办法去重博父母的怜惜。疾病往往是弱者取胜的一种方法。女人用使人垂怜的法子，使自己成为她生活圈内的人群的中心，已是人尽皆知的事，但儿童也会扮演这种无意识的喜剧。许多孩子，一向很乖的，到了兄弟诞生的时候，会变得恶劣不堪，做出各式各种的丑事，使父母又是出惊又是愤怒；实在他们是努力要大人去重视他们。阿特莱医生确言（我亦相信如此），长子（或长女）的心理型，其终生都是可以辨识的。第一个生的，常留恋以往；他是保守的，有时是悲哀的；他爱谈起他的幼年，因为那是他最幸福的时期。次子（或次女）却倾向于未来的追求，因为在未来，他可以超越长兄（或长姊）；他常是破坏主义者，常是善于嘲弄的人。

最幼的季子，亦是一个娇养的孩子，尤其当他和长兄们年纪差得很远的时候，他更幸福，因为他所享的优遇永没有别的幼弟妹去夺掉他的了。他亦被长兄们优遇，他们此时抱着和父母差不多的长辈的态度。他是被"溺爱"的。这种孩子长大时，往往在人生中开始便顺利。能够有所成就，因为他有自信力；以后，和长兄、长姊们一起生活时，他受着他们的陶冶而努力要迅速地追出他们；他本是落后的，必得要往前力追。①

---

① 见阿德勒医生著：《儿童教育》。

　　父母在好几个孩子中间，应得把母爱和父爱极力维持平等。即使事实上不是如此（因为各个孩子的性格，其可爱的程度，总不免有所差别），也得要维持表面上的平等。且当避免使儿童猜着父母间的不和。你们得想一想，在儿童脑海中，父母的世界不啻神仙的世界，一旦在这世界中发现神仙会得战争时，不将令儿童大大难堪么？先是他们感到痛苦，继而是失去尊敬之心。凡是那些在生活中对任何事物都要表示反抗的男人或女人，往往在幼年时看到极端的矛盾，即父母们一面告诫他不要做某种事，一面他们自己便做这种事。一个轻视她的母亲的女孩子，以后将轻视一切女人。一个专横的父亲，使他的儿女们，尤其是女儿，把婚姻看作一件可怕的苦役。

　　"真能享受家庭之乐的父亲，能令儿女尊敬他，他亦尊敬儿女，尽量限令他们遵守纪律，可不过分。这种父母，永不会遇到儿女们要求自由独立的可怕的时间。"①

　　童年到青年的过渡时期，得因了这种父母，为了这种父

---

① 见伯特兰·罗素著：*On Education*（《论教育》）。伯特兰·罗素（BertrandRussell），20世纪英国哲学家。

母，而以最小限度的痛苦度过。他们比专暴的父母快乐多了。

"没有丝毫专制而经温柔澄清了的爱，比任何情绪更能产生甘美的乐趣。"

以上所述，是应当避免的障碍。以下我们再来讨论世代的正常关系。

母子这一个社会，在人生中永为最美满的集团之一。我们曾描写女人如何钟爱幼龄的小上帝。在中年时，尤其当父亲亡故以后，他们的关系变得十分美满了，因为一方面是儿子对于母亲的尊敬，另一方面是母亲对于这新家长的尊重和对儿子天然的爱护。在古代社会或农业社会中，在母亲继续管理着农庄的情形中，上述那种美妙的混合情操更为明显。新家庭与旧家庭之冲突有时固亦不免。一个爱用高压手段的母亲，不懂得爱她的儿子，不能了解儿子以后的幸福在于和另一个女子保持着美满的协调：这是小说家们常爱采用的题材。洛朗斯，我们说过，传达此种情境最为真切。例如珍妮特斯克（Génitrix）那种典型的母亲（在现实生活中，罗斯金夫人便是一个好例），能够相信她加于儿子的爱是毫无性欲成分的，实际上可不然。"当罗斯金夫人说她的丈夫早应娶他的母亲时，她的确说得很对。"而洛朗斯之所以能描写此种冲突如是有力，因为他亦是其中的一员之故。

母女之间，情形便略有不同了。有时能结成永久的友谊：女儿们，即是结了婚，亦离不开她们的母亲，天天继续着去看她，和她一起过生活。有时是相反，母女之间发生了一种女人与女人的竞争，或是因为一个年轻而美貌的母亲嫉妒她的娇艳的女儿长大成人，或是那个尚未形成的女儿嫉妒她的母亲。在这等情形中，自然应由两人中较长的一个，母亲，去防范这种情操的发生。

父爱则是一种全然不同的情操。在此，天然关系固然存在，但不十分坚强。不错，父亲之中也有如葛里奥型的人物，但正因为我们容受母亲的最极端的表象，故我们把葛里奥型的父亲，认为几乎是病态的了。我们知道，在多数原始社会中，儿童都由舅父教养长大，以致父亲简直无关紧要。即在文明的族长制社会中，幼儿教育亦由女人们负责。对于幼龄的儿童，父亲只是战士、猎人，或在今日是企业家、政治家，只在晚餐时分回家，且还满怀着不可思议的烦虑、计划、幻想、故事。

在杜哈曼^①的一部题作《哈佛书吏》（*Le Notaire du Havre*）的小说中，你可看到一个安分守己、如蜜蜂似的母亲，和一个理想家如黄蜂似的父亲之间的对照。因为父亲代表外界，故使儿童想着工作。他是苛求的，因为他自己抱着大计划而几乎从未实现，故他希望儿子们能比他有更完满的成就^②。如果他自己有很好的成功，他将极力压榨他的孩子，期望他们十全十美。然而他们既是人类，终不能如他预期的那样，于是他因了热情过甚而变得太严了。他要把自己的梦想传授他们，而终觉得他们在反抗。以后，有时如母女之间的那种情形，我们看到父与子的竞争：父亲不肯退步，不肯放手他经营的事业的管理权；一个儿子在同一行业中比他更能干，使他非常不快。因此，好似母子形成一美满的小集团般，父亲和女儿的协调倒变得很自然了。在近世，托尔斯泰最幼的女儿，或是若干政治家、外交家们的女儿，成为她们

———————————

① 杜哈曼（Georges Duhamel），19 世纪法国批判现实主义作家。
② 见阿隆著：*Les Sentiments Familiaux*。

父亲的秘书和心腹，便是最好的模型。

　　凡是在父母与子女之间造成悲惨的误解的，常因为成年人要在青年人身上获得只有成年人才有的反响与情操。做父母的看到青年人第一次接触了实际生活而发生困难时，回想到他们自己当时所犯的错误，想要保护他们的所爱者，天真地试把他们的经验传授给儿女。这往往是危险的举动，因为经验差不多是不能传授的。任何人都得去经历人生的一切阶段，思想与年龄必得同时演化。有些德性和智慧是与肉体的衰老关联着的，没有一种说辞能够把它教给青年。玛特里[①]国家美术馆中有一幅美妙的早期弗拉芒[②]画，题作《人生的年龄》（*Les Ages de la Vie*），画面上是儿童、少妇、老妇三个人物。老妇伏在少妇肩上和她谈话，在劝告她。但这些人物都是裸体的，故我们懂得忠告是一个身体衰老的人向着一个身体如花似玉的人发出的，因此是白费的。

　　经验的唯一的价值在于，因为它是痛苦的结果，为了痛

---

① 玛特里（Madrid），现译马德里，西班牙首都。
② 在比利时北部。

苦，经验在肉体上留下了痕迹，由此，把思想也转变了。这是实际政治家的失眠的长夜，和现实的苦斗；那么试问他怎么能把此种经验传授给一个以为毫不费力便可改造世界的青年理想家呢？一个成年人又怎么能使青年容受"爱情是虚幻的"这种说法呢？波罗尼斯①的忠告是老生常谈，但我们劝告别人时，我们都是波罗尼斯啊。这些老生常谈，于我们是充满着意义、回想和形象的。对于我们的儿女，却是空洞的、可厌的。我们想把一个二十岁的女儿变成淑女，这在生理学上是不可能的。伏佛那葛②曾言：

"老年人的忠告有如冬天的太阳，虽是光亮，可不足令人温暖。"

由此可见，在青年人是反抗，在老年人是失望。于是两代之间便产生了愤怒与埋怨的空气。最贤明的父母会用必不可少的稚气来转圜这种愤懑之情。你们知道格罗台③译的英

① 波罗尼斯（Polonius），现译波洛尼厄斯，莎士比亚悲剧《哈姆雷特》中的人物，他对儿女们的劝告是以高贵著名的。
② 伏佛那葛（Vauvenargues），现译沃维纳格，18世纪法国伦理学家。
③ 格罗台（Paul Claudel），现译克洛代尔，法国诗人，与瓦雷里齐名。

国巴脱摩^①的《玩具》（Les Jouets）一诗么？一个父亲把孩子痛责了一顿，晚上，他走进孩子的卧室，看见他睡熟了，但睫毛上的泪水还没有干。在近床的桌子上，孩子放着一块有红筋的石子，七八只蚌壳，一个瓶里插着几朵蓝铃花，还有两枚法国铜币，这一切是他最爱的，排列得很艺术，是他在痛苦之中以之自慰的玩具。在这种稚气前面，看到这动人的弱小的表现，父亲懂得了儿童的灵魂，忏悔了。

尤其在儿童的青年时代，我们应当回想起我们自己，不要去伤害那个年龄上的思想、情操、性情。做父母的要有此种清明的头脑是不容易的。在二十岁上，我们中每个人都想："如果有一天我有了孩子，我将和他们亲近；我对于他们，将成为我的父亲对于我不曾做到的父亲。"五十岁时，我们差不多到了我们的父母的地位，做了父亲或母亲。于是轮到我们的孩子来希望我们当年所曾热切希望的了，变成了当年的我们以后，当他们到了我们今日的地位时，又轮到另一代来做同样虚幻的希望。

———————

① 巴脱摩（Coventry Patmore），现译帕特莫尔，19 世纪英国作家。

你们可以看到，在青年时期，伤害与冲突怎样地形成了所谓"无情义年龄"。在初期的童年，每人要经过一个可以称为"神话似的"年龄：那时节，饮食、温暖、快乐都是由善意的神仙们赐予的。外界的发现，必需劳作的条件，对于多数儿童是一种打击。一进学校，生活中又添加了朋友，因了朋友，儿童们开始批判家庭。他们懂得，他们心目中原看作和空气、水分同样重要的人物，在别的儿童的目光中，只是些可怪的或平庸的人。

"这是整个热情的交际的新天地。子女与父母的联系，即不中断，也将松懈下来。这是外界人战胜的时间，外人闯入了儿童的灵魂。"①

这亦是儿童们反抗的时间，做父母的应当爱他们的反抗。

我们曾指出，一切家庭生活所必有的实际色彩与平板，即是宗教与艺术，亦无法使它升华。青年人往往是理想主义者，他觉得被父母的老生常谈的劝告所中伤了。他诅咒家庭

———————————

① 劳伦斯语。

和家庭的律令。他所希望的是更纯粹的东西。他幻想着至高、至大、至美的爱。他需要温情，需要友谊。这是满是誓言、秘密、心腹的告白的时间。

且这也往往是失望的时间，因为誓言没有实践，心腹的告白被人欺弄，爱人不忠实。青年人处处好胜，而他所试的事情，件件都弄糟了。于是他嫉恨社会。但他的嫉恨，是由他的理想的失望、他的幻梦与现实之不平衡造成的。在一切人的生活中，尤其在最优秀的人的生活中，这是一个悲惨的时期。青年是最难度过的年龄，真正的幸福，倒是在成年时期机会较多。幸而，恋爱啊，继而婚姻啊，接着孩子的诞生啊，不久使这危险的、空洞的青年时期得到了一个家庭的实际的支撑。

"靠着家庭、都市、职业等的缓冲，傲慢的思想和现实生活重新发生了关系。"①

这样，循环不已的周圈在下一代身上重复开始。

为了这些理由，"无情义年龄"最好大半在家庭以外度

---

① 见阿隆著：*Idées*。

过。在学校里所接触的，是新发现的外界，而家庭，在对照之下，显得是一个借以托庇的隐遁所了。如果不能这样，那么得由父母回想他们青年时代的情况，而听任孩子们自己去学习人生。也有父母不能这样而由祖父母来代替的，因为年龄的衰老，心情较为镇静，也不怎么苛求，思想也更自由，他们想着自己当年的情况，更能了解新的一代。

在这篇研究中，我们得到何种实用的教训呢？第一是家庭教育对于儿童的重要，坏孩子的性格无疑地可加以改造，有时甚至在他们的偏枉过度之中，可以培养出他们的天才；但若我们能给予他一个幸福的童年，便是替他预备了较为容易的人生。怎样是幸福的童年呢？是父母之间毫无间隙，在温柔地爱他们的孩子时，同时维持着坚固的纪律，且在儿童之间保持着绝对一视同仁的平等态度。更须记得，在每个年龄上，性格都得转变，父母的劝告不宜多，且须谨慎从事；以身作则才是唯一有效的劝告。还当记得家庭必须经受大千世界的长风吹拂。

说完了这些，我们对于"家庭是否一持久的制度"的问题应得予以结论了。我相信家庭是无可代替的，理由与婚姻一样：因为它能使个人的本能发生社会的情操。我们说过，青年时离开家庭是有益的，但在无论何种人生中，必有一个时间，一个男人在经过了学习时期和必不可少的流浪生活之后，怀着欣喜与温柔的情绪，回到这最自然的集团中去，在晚餐席的周围，无论是大学生、哲学家、部长、兵士，或艺术家，在淡漠的或冷酷的人群中过了一天之后，都回复成子女、父母、祖父母，或更简单地说，都回复成了人。

论友谊

　　夫妇与家庭，相继成为一切文明社会的基本原素，这个缘由，我们以前已经加以阐发了。我们说过，它们的重要性和必然性，是因为那些情操基于强固的本能之上，且能令人超越自私主义而学习爱。

　　现在我们要来研究一种全然不同的关系，其中智慧与情操驾乎本能之上，而且统治了本能。这是维系两个朋友的关系。为何这新的关系亦是社会生活所少不了的呢？难道由本能发生的关系还不够么？难道夫妇与家庭，不能令人在最低限度的冲突之下找到他涉历人生时必不可少的伴侣么？

　　对于这一点，我们首先当解答的是：大多数人终生不知夫妇生活之能持久。为何他们逃避婚姻呢？多数是并未逃避，只没有遇到而已。我想，这是因为世界上女子较多于男子，故所有的女子在一夫一妻制度之下，不能各自选中一个丈夫。而且，只要一个人，不论男女，心灵和感觉稍稍细腻一些，便不能接受无论何种的婚姻。他对于伴侣的选择，自有他坚决的主见和癖好。有人会说："但在人生无数的相遇中，竟不能使每个人至少物色到一个使他幸福的对手，这无论如何是不可能的。"这却不一定。有些人过着那么幽密的隐遁生活，以至什么也闯不进他们的生活圈。还有些，则因偶然的命运置他们于一个性格、思想全然不同的环境里之故，只觉得婚姻之弄人与可厌。

且也有并不寻找的人。早岁的受欺，肉体的恐惧，神秘的情意，终使他鄙弃婚姻。要有勇气，才能发下这终生的盟誓；跳入婚姻时，得如游泳家跳下海去一般。这勇气却非人人具有。有时，一个男人或女人，颇期望结婚，但他们所选择的他或她，过着另外一种生活。于是，因了骄傲，因了后悔，因了怨望，他们终生死守着使他们成为孤独的一种情操。以后他们也许会后悔，因为他们虔诚地保守着的回忆，已只是纯粹形式上的执拗。

"昔日的心绪早已消逝。"

但已太晚了。青春已逝，已非情场角逐、互相适应的时代了。我们会阐述夫妇生活之调和怎样地有赖于婉转顺应的柔性。独身者自然而然会变得只配过孤独生活，而不能和另一个人过共同生活，即是愿意，他亦不能美满地做一个丈夫或妻子了。

对于这一般人，人生必得提供另一种解决方式。他们彻底的孤独生活简直是不近人情的，除了发疯以外，没有人能够忍受；他们在何处才能觅得抗御此种苦难的屏障呢？在幼年的家庭中么？我们已陈述过家庭不能助人作完满的发展，它的优容反阻挠人的努力。一个只靠着家庭的老年独身者，其境况是不难想象的：巴尔扎克在《堂兄弟邦》^①一书中，即研究这种关系含有多少不安定的、平庸的，有时竟是丑恶的成分。邦终于只靠了朋友而得救。

即是为那些组织家庭的人，为那个有很好的伴侣的丈夫或妻子，为那些与家长非常和睦的儿童，为有着一千零三个爱人的邓•璜也还需要别的东西。我们已看到，家庭啊，爱情啊，都不容我们的思想与情操全部表现出来，凡是我们心

---

① 《堂兄弟邦》（*Le Cousin Pons*），现译《邦斯舅舅》。

中最关切的事情，在家庭和爱情中都不能说。在家庭里，因为我们和它的关系是肉体的，非精神的，人们爱我们也太轻易了；在爱情中，则除了那些懂得从爱情过渡到友谊的人之外，两个相爱的人只是互相扮演着喜剧，各人所扮的角色也太美满了，不容真理的倾吐。这样，儿童、父母、丈夫、妻子、爱人、情妇，都在他们的心灵深处隐藏着多少不说出来的事情；尤其蕴藏着对于家庭，对于婚姻，对于父母，对于儿女的怨艾。

而凡是不说出来的东西，都能毒害太深藏的心灵，有如包藏在伤口下面的外物能毒害肉体的组织一般。我们需要谈话，需要倾诉，需要保存本来面目，并不像在家庭或爱情中徒在肉体方面的随心所欲，而尤其需要在智慧与精神方面能适心尽意。在向着一个心腹者倾诉的时候，我们需要澄清秘密的情操与胸中的积愤；这知己将成为我们的顾问，即使他不愿表示意见，也能使这些秘密的怨恨变得较有社会性。因此我们在爱情之外应另有一种关系，在家庭之外应另有一个团体。这另一个团体便是和我们能自由选择的一个人的友谊，或是和一个现在的或往昔的大师的默契。我们今日所要研究的，便是这自由选择的、补充的家庭。

友谊是怎样诞生的呢？关于母爱，我们用不到提出这问题。这种爱，是和婴孩一同诞生的；根本是纯粹的本能。关于性爱，答案也似乎不难。一瞥，一触，引起了欲愿和钦佩。

"爱始于爱。"

最真实的、最强烈的爱情，是最突兀的。"乳母啊，这青年是谁？如果他已娶妻，我唯有把坟墓当作我的合欢床了。"[1]爱情不靠道德的价值，不靠智慧，甚至也不靠所爱者的美貌。美丽的蒂太妮亚[2]曾俯伏在鲍东[3]的驴子似的头上。爱情是盲目的，这句平凡的老话毕竟是真理。我们总觉得别人的爱情是不可解的。"她在他身上看到些什么呢？"所有的女人对所有的女人都要这样说。但在被不相干的人认

---

[1] 名剧 *Roméo et Juliette*（《罗密欧与朱丽叶》）中，朱丽叶（Juliette）见罗密欧（Roméo）后与乳母语。

[2] 蒂太妮亚（Titania），现译泰坦尼亚。

[3] 鲍东（Botton），现译博顿。莎士比亚《仲夏夜之梦》（*A Midsummer Night's Dream*）中的人物。

为贫瘠的园地上，一种强烈的、压制不住的情操诞生了，因为有欲愿在培养它。

友谊的诞生却迟缓很多。初时，它很易被爱情窒息，有如一棵柔弱的植物容易被旁边的丛树压倒一样。拉·洛希夫谷曾言：

"大多数的女人所以不大会被友谊感动，是因为一感到爱情，友谊便显得平淡了之故。"

平淡？可不，在友谊的初期，却是明澈得可怕。对于他或她，一个驴子似的头始终是驴子似的头。怎么能依恋驴子似的头呢？在头脑完全明澈的两人中间，既毫无互相吸引的肉体的魅力，怎么能诞生友谊这密切的关系呢？

在有些情形中，这种关系是产生得极自然的，理由很简单，因为所遇到的人赋有难得的优点，而且人家也承认他的优点。因此，友谊颇有如霹雳般突然发生的时候。一瞥，一笑，一顾，一盼，在我们精神上立刻显示出一颗和我们声气相投的灵魂。一件可爱的行为，证实了一颗美丽的心灵。于是，和爱情始于爱情一样，友谊亦始于友谊。在此突兀的友谊中，选中的朋友亦不一定是高人雅士，因为优劣的判断也是相对的。某个少女可以成为另一个少女的心腹，同出，同游，而于第三者却只觉得可厌。如果因为偶然之故，先天配就的和谐居然实现了，友谊便紧接着诞生。

但除了例外，这样的相遇不常能发生持久的关系。婚姻制度帮助爱情使其持久，同样，甫在萌芽中的友谊亦需要一种强制。人心是懒惰的。倘使没有丝毫强制去刺激那甫在萌芽的情操，往往容易毫无理由地为了一些小事而互相感到厌倦。"她翻来覆去唠叨不已……她老是讲那些事情……他是易于生气的……她老是迟到……他可厌，她太会怨叹了……"这便需要强制了，学校、行伍、军队、船上生活、战时将校食堂、小城市里公务员寄膳所，在这一切生活方式中都含有家庭式的强制，而这是有益的。人们必需过着共同生活。这种必需，使人慢慢地会互相了解，终于互相忍受。"人人能因被人认识而得益"，我敢向你们提出这一条定理。

然而偶然发生的友谊并不必然是真正的友谊。亚倍·鲍那^①有言："人们因为找不到一个知己，即聊以几个朋友来自慰。"真正的友谊必须经过更严格的选择。蒙丹^②之于鲍哀茜^③不但友爱，而且尊重、敬仰。他认出他具有卓越优异的心魂，使他能一心相许。一切男人，一切女子，对于所敬重的人可并不都能如是依恋。有的对于人家的优点感到嫉妒，不想仿效高贵性格的美德，而只注意于吹毛求疵。另有一般，因为怕自己经不起太明澈的心魂的批判，故宁愿和较为宽容的人厮混。

"凡是尚未憎恶人类的人，凡相信人群中还散处着若干伟大的灵魂，若干领袖的人才，若干可爱的心灵，而孜孜不倦地去寻访，且在访着之先便已爱着这些人的人，才配享受友谊。"

对于鲍那（Bonard）这种重视心理作用的见解，我愿附加一点。为使人能温柔地爱恋一个人起见，在这被爱者所有

---

① 亚倍·鲍那（Abel Bonnard），现译阿贝尔·博纳尔，法国作家。
② 蒙丹（Michel Eyquem de Montaigne），现译蒙田，16世纪法国人文主义思想家。
③ 鲍哀茜（Etienne de la Boétie），现译鲍埃西，16世纪法国作家。

的优点之外更加上若干可爱的弱点亦非无益。人们不能彻底爱一个不能有时报以微笑的人。在绝对的完美之中，颇有多少不近人情的成分，令人精神上、心灵上感到沮丧。他能令人由钦佩而尊敬，可不能获得友谊，因为他令人丧气，令人胆怯。一个伟大的人物，因为具有某种怪癖而使他近于人情，使我们感到宽弛，这是我们永远感激的。

我们对于友谊之诞生的意见，概括起来是：一个偶然的机缘，一盼，一言，会显示出灵魂与性格的相投。一种可喜的强制，或一种坚决的意志更使这初生的同情逐渐长成，以至确定。我们可以到达心心相印的地步的相契，胜于在精神上与外人相契的程度，可远过于骨肉至亲。这是友谊最初的雏形。

此刻，我愿更确切地推究一下，在这伟大的情操——有时竟和最美的爱情相埒的友谊，和更凡俗而不完全的"狎习"之间，究有什么区别。

拉·洛希夫谷说：

"所谓友谊，只是一种集团，只是利益的互助调节，礼仪的交换，总而言之，只是自尊心永远想占便宜的交易。"

拉·洛希夫谷真是苛刻，或至少他爱自以为苛刻，但他在此所描写的，在人与人的关系中，正不是友谊。交易么？不，友谊永远不能成为一种交易，相反，它需求最彻底的无利害观念。凡是用得到我们时，来寻找我们，而在我们替他尽过了力后便不理我们的人，我们从来不当作朋友看待的。

固然，要发觉利害关系，不常是容易的事，因为擅长此种交易的人，手段是很巧妙的。

"对于 B 君夫妇你亲热些罢……"丈夫说。

"为什么？"妻子答道，"他们非常可厌，你又用不到他们……"

"你真不聪明，"丈夫说，"当他回任部长时我便需要他们了，这是早晚间事，而他对于在野时人家对他的好意更为感动。"

"不错，"妻子表示十分敬佩地说，"这显得更有交情。"

的确"这显得更有交情"，但绝不是友谊。在一切社会中，两个能够互相效劳的人，有这种交易亦是很自然的。大家互相尊敬，但互相顾忌的时候更多。大家周旋得很好。大家都记着账："他的勋章，我将颁给他，但他的报纸会让我安静。"

友谊是没有这种计算的。益非两个朋友不能且不该在有机会时互相效劳，但他们对于这种行为，做得那么自然，事后大家都忘掉了，或即使不忘掉，也从不看作重要。你们当记得拉·风丹纳[①]贫困时，一个朋友请他住到他家里去，他答道："好，我去。"一个人是不应当怀疑朋友的。为人效劳之后，当避免觉得虚荣的快感。人的天性，常在看到别人的弱点时，感觉到自己的力强，在最真诚的怜悯之中，更混入一种不可言喻的温情。苛刻的拉·洛希夫谷又言："在我们最好的友人的厄运之中，我们总找到若干并不可厌的成分。"莫利亚克在《外省》（*La Province*）一书中说，"我们很愿帮助不幸者，但不喜欢他们依旧保存着客厅里的座钟。"

"只要你还是幸福的时光，你可有许多朋友；如果时代

---

① 拉·风丹纳（Jean de La Fontaine），现译拉·封丹，17世纪法国古典文学作家。

变了，你将孤独。"

不，我们绝不会在灾患中孤独的。那时不但恶人要表示幸灾乐祸，而那些当初因为你很幸福而不敢亲近你的其他的不幸者，此时亦会走向你，因为你亦遭了不幸，他们觉得与你更迫近了。可怜的雪莱，在还未成名时，较之煊赫一世的拜仑，朋友更多。必得要有高尚的心魂，方能做一个共安乐的朋友而心中毫不存着利害观念。

因此，无利害观念成为朋友的要素之一，能够帮助人的朋友，应当猜透对方的思虑，在他尚未开口之前就助他。

"从趣味和尊敬方面去看待朋友是甜蜜的，但从利害方面去交给他们便显得难堪，这无疑是干求了。"

那么，当他们需要我们尽力时，我们预先料到他们的需要而免得他们请求了罢。财富与权力，其唯一的、真实的可爱处，或许即在我们能运用它们来使人喜欢这一点上。

在无利害观念之外，互相尊敬似乎是友谊的另一要点。"真的么？"你会问，"然而，我颇有些朋友为我并不敬重而确很爱好的，敬与爱当然不同，且我对他们亦老实说我不敬重他们。"我认为这是一种误解，尤其是不曾参透实际的思想。实在我们都有一般朋友，我们对他们常常说出难堪的真理，且没有这种真诚也算不得真正的友谊。但有些批评，在别人说来，会使我们动怒，而在朋友说来，我们能够忍受，这原因岂非是我们知道在批评之外，他们在许多更重要的地方敬重我们么？所谓敬重，并非说他们觉得我们"有德"，也不是说他们认为我们聪明。这是更错杂的一种情操。把我们的优点和缺点都考量过了之后，他们才选择我们，且爱我们甚于他人。

唯有尊敬，方能产生真诚，这是应当明白的要点。凡是爱我们、赞赏我们的人所加之于我们的，我们都能忍受；因为我们能接受他的责备而不丧失自信（万一丧失了这自信，我们便生活不下去）。著作家中间的美满的友谊，也就靠这种混合的情操维持。蒲伊莱①对于弗罗贝作最严酷的批评，可不损伤他的尊严，因为他把弗罗贝当作大师。弗罗贝亦知

①　蒲伊莱（Louis Bouilhert），现译路易·布耶，19世纪法国巴那派诗人。

道这点。但我们得提防另一种"真诚的朋友",他们的真诚只使我们丧气,他们的顾虑只使我们提防人家说我们的坏话,而对于好的方面,似乎聋子一般,全听不见。也得提防多疑的朋友,我们对他的敬爱,他不能一次明白了便永远明白,也不懂得人生是艰辛的,人是受着意气支配的,他老是观察我们,把我们的情操、烦躁、脾气的表现都当作有意义的象征。多疑的人永远不能成为好朋友。友谊需要整个的信任:或全盘信任,或全盘不信任。如果要把信心不断地分析、校准、弥缝、恢复,那么,信心只能增加人生的爱的苦恼,而绝不能获得爱所产生的力量和帮助……但若信心误用了又怎样呢?也没有关系;我宁愿被一个虚伪的朋友欺弄,而不愿猜疑一个真正的朋友。

毫无保留的信任是否亦含有倾诉全部心腹的意思?我想,不如此不能算真正的友谊。我们说过,交友目的之一,在于把隐藏在心灵深处的情操在社会生活中回复原状。如果朋友所尊敬的不是我们实在的"我",而是一个虚幻的"我",那么这种尊敬于我们还有什么价值?只要两个人在谈话时找不到回忆的线索，谈话便继续不下去。只要你往深处探测，触到了心底的隐秘，它便会如泉水般飞涌出来。在枯索的谈话中忽然触及了这清新的内容，确是最大的愉快。只是，机密的倾吐不容易承当，要有极大的机警，方能保守住别人的心腹之言。在谈话中，抉发大家所不知道的机密在人前炫耀，是很易发生的事。当自己的心底搜索不出什么时，人们会试用难得的秘闻来打动人。于是，人家的秘密被泄露了，即使他实在并不想泄露。

"没有一个人，在我们面前说我们的话和在我们背后说的会相同。人与人间的相爱只建筑在相互的欺骗上面，假使每个人知道了朋友在他背后所说的话，便不会有多少友谊能够保持不破裂的了。"

这是柏斯格[①]的名言。

普罗斯德也说：

"我们之中，如有人能够看到自己在别人脑中的形象

---

① 柏斯格（Blaise Pascal），现译帕斯卡尔，17 世纪法国思想家。

时，定会惊异。"

我可补充一句说，即看到自己在爱他的人的脑中的形象时，也要惶惑。因此，狡猾之辈不必撒谎，只要把真实的、但是失检的言语重述一下，便足使美满的情操解体。

对于这种危险的补救方法，可列举如下：

一、有些心腹之言，其机密与危险的程度，只能对在职业上负有保守秘密之责的人倾吐，即是教士、医生，我愿再加上小说家，因为小说家能以化妆的形式用艺术来发泄，故在现实生活中往往能谨守秘密。

二、对于报告某个朋友如何说他，某个朋友又如何说他的人，不论那些话足以使他难堪或使他与朋友失和，应该一律以极严厉的态度对付他。在这等情形中，最好的办法不是和说他如何如何的人（这些话往往是无从证实的）决裂，而是与报告是非的人翻脸。

三、应当在无论何种的情形之下卫护你的朋友，这并非否认确切的事实，因为你的朋友不是圣者，他们有时能够犯极重大的过失；但你只需勇敢地说明你根本是敬重他的，这才是唯一的要着。我认识一个女子，有人在她面前攻击一个她引为知己的人时，她简单地答道："这是我的朋友"，便拒绝再谈下去。我认为这才是明智。

由此，我们归结出下列重要观念，即友谊如爱情一样需要一种誓约。鲍那所下的定义即是如此：

"友谊是我们对于一个人物的绝对的选择，他们的天性是我们选择的根据，我们一次爱了他，便永远爱他。"

阿仑的定义亦极相似：

"友谊是对于自己的一种自由的幸福的许愿，把天然的同情衍为永远不变的和洽，超出情欲、利害、竞争和偶然之上。"

他又言："且还需有始终不渝的决心。否则将太轻易了。"一个人翻阅他的友人名录，将如看时钟一般，爱与不爱仿如感到冷热一般随便。实利主义的人说："我们的情操是一种事实。"他们的友谊契约是这样订的："当我是你的朋友时，我是你的朋友；这是趁着意气的事情，我不负任何责任。一天，也许是明朝，我会觉得你于我无异路人，那时我将告诉你。"无论何处，这种措辞总表示人们并不相爱。

不，不，绝对没有条件，一朝结为朋友，便永远是朋友了。伦理家会说："怎么？如果你的朋友做了恶事，下了狱，上了断头台，你还是爱他么？"是啊……看那史当达所描写的于利安①的朋友，伏格（*Fouqué*），不是一直送他上断头台么？还有吉伯林的那首《千人中之一人》的诗：

千人中之一人，

苏罗门说，会支撑我们胜于兄弟。

这样的人，我们去寻访罢，

即是二十年，也算不得苦，

如果能够寻到，二十年的苦还是极微。

九百九十九人，是没决断的，

所见于我们的，仍与世俗无异。

但千人中之一人，却爱他的朋友，

即在大众、在朋友门前怒吼的时候。

---

① 于利安（*Julien*），现译于连，司汤达著《红与黑》（*Le Rouge et le Noir*）中的主角。

礼物与欢乐，效劳与许愿……

我们绝非交给他这些。

九百九十九人批判我们，依着我们的财富或光荣。

是啊……噢，我的儿子！

如你能找到他，你可远涉重洋不用胆怯，

因为千人中之一人，会跳下水来救你，

会和你一同淹溺，如他救你不起。

如果你用了他的钱，他难得想起，

如果他用尽了你的，亦非为恨你，

明天，他仍会到你家里谈天，

没有一些怨艾的语气，

九百九十九个伪友，

金啊，银啊，一天到晚挂在口边，

但千人中之一人，绝不把他所选的人给恶神做牺牲。

他的权利由你承受，你的过失由他担负，

你的声音是他的声音，他的屋檐是你的住家。

不论他在别处有理无理，

我愿你，噢，我的儿子，将他维护。

九百九十九个俗人，见你倒运、见你可笑即刻逃避，

但千人中之一人，和你一同退到绞台旁边，

也许还要往前。

这是一千个男人中的一个……亦是一千个女子中的一个，有没有呢？我们且来辨别两种情形：女人和女人的友谊，男人和女人的友谊。

女人之能互相成为朋友，是稍加观察便可证明的。但可注意一点：青年女子的友谊往往是真正的激情，比着青年男子的友谊更多波折，而且对抗敌人的共谋性质与秘密协定的成分，也较男子友谊为多。所谓敌人，是没有一定的，往往是家庭，有时是另一组少女，有时是男子，她们常把所有的男子当作敌对的异族，认为全体女子应当联合一致去对付。这种共谋为协助行为，我想是因为她们较弱之故，也因为长

久以来被社会约束过严之故。19世纪之时，一个少女的最亲切的思想，在家庭里几乎一点也不能说。她需要一个知己。巴尔扎克的《两个少妇的回忆录》即是一例。

如果结婚的结果很好，婚姻便把少女间的友谊斩断了，至少在一时间内是如此。两种同等强烈的情操，是不能同时并存的。如果婚姻失败，心腹者便重新担任她的角色。共谋的事情又出现了，不复是对抗家庭，而是对抗丈夫了。不少女子终生忠于反抗男子群的女子连锁关系。这连锁关系，是坚固的，除非到了她们争夺同一男子的关头。眼见一个女友和自己也极愿爱恋的男子过着幸福的生活时，若要能够忍受而毫无妄念，真需要伟大的精神和对于自己的幸福确有自信才行。有些女子，当然因为情意终较为低弱之故，往往在这等情景中禁不住有立刻破坏他们、取而代之的念头。这时候，她们的追逐男子，已非为男子本身，而是为反抗另一个女人。这种情操的变幻，使女子在一个爱情作用并不占据如何重要位置的社会里，较易缔结友谊。美国的情形便是如此。在美国，男子对于女子远不如欧洲人那么关切。爱的角逐在美国人生活中占着次要的位置，故女子们缔结友谊的可能性较大。

如果是知识和心灵都有极高价值的女子，当然能够缔结美满的友谊。拉斐德夫人和赛维尼夫人便是好例。她们从青年到老死，友谊从未发生过破裂，情爱亦未稍减。她们中偶有争论，亦不过为辩论两者之间谁更爱谁的问题而已。赛维尼夫人的女儿，格里南夫人，因此非常嫉妒。在一般情形中，家庭对于过分热烈的友情总是妒忌的。这也很易了解。朋友是一个与家庭敌对的心腹，不问这朋友是男性或女性。在结婚时，女人使丈夫与朋友失和是屡见不鲜的事。只是，如我们在论及婚姻问题时所说的那样，有一种纯粹男性典型的谈话，只吸引男人而几乎使所有的女子感到厌倦，且这无疑是对于友谊的奇特的拨弄。自有戏剧作家以来，凡是做丈夫的能和妻子的情人发生友谊这一回事，总是讽刺的好题目。这是滑稽的么？无疑的，在这两个男人之间，比着情人与情妇之间，可谈的东西较多。他们诚心相交，且情人与情妇的关系往往亦是因为有丈夫在面前方才维系着的。一朝丈夫不愿继续担任居间者的角色时，或出外远行，或竟离婚了时，一对情人的关系也立刻破灭了。

于是，我们便遇到难题了：男女之间的友谊是不是可能的？能否和男子间最美满的友谊具有同样的性质？一般的意见往往是否定的。人家说："在这等交际中怎会没有性的成分？假如竟是没有，难道女人（即是最不风骚的）不觉得多少受着男子的慑服么？"一个男子，若在女子旁边过着友谊情境中所能有的自由生活而从不感到有何欲念，亦是反乎常态的事；在这等情形中，情欲的机能会自动发生作用。

且为了要征服女子之故，男人不真诚了。嫉妒的成分也渗入了，它把精神沟通所不可或缺的宁静清明的心地扰乱了。友谊，需要信任，需要两人的思想、回忆、希望之趋于一致。在爱情中，取悦之念替代了信任心。思想与回忆经过了狂乱与怯弱的热情的渗滤。友谊生于安全、幽密与细腻熨帖之中，爱情则生存于强力、快感与恐怖之中。

"朋友的失态，即情节重大亦易原谅；恋人的不贞，即事属细微亦难宽恕。"

友谊的价值在于自由自在的放任，爱情却充满着惴惴焉唯恐失其所爱的恐惧。谁会在狂热的激情中顾虑到谅解、宽容与灵智的调和呢？唯有不爱或现已不爱的人，才是如此。

关于这，人家很可拿实例来回答我们。在文学史上，在普通的历史上，尽有男女之间的最纯粹的友谊。不错，但这些情形可以归纳到三种不完全的虚幻的类别中去。

第一类是弱者的雏形的爱，因为没有勇气，故逗留在情操圈内。普罗斯德着力描写过这些缺乏强力的男子，被女人立刻本能地窥破了隐衷，相当敬重他们，让他们和她做伴。对于这般传奇式的人，她们亦能说几句温柔的话，有若干无邪的举动。她们称之为她们的朋友，但她们终于为了情人而牺牲他们。你们可以想起卢梭、姚贝①、亚米哀②等的女友。

有时，女子也可能是一个传奇式的人；在这情形中，可以形成恋爱式的友谊。最显著的例，是雷加弥爱夫人③的历

---

① 姚贝（Joseph Jourbet），现译儒贝尔，18世纪法国作家。
② 亚米哀（Henri Frédéric Amiel），现译阿米耶尔，19世纪瑞士作家。
③ 雷加弥爱夫人（Mme Récamier），现译雷卡米埃夫人。

史。但这些蒙上了爱的面具的友谊，亦是暗淡得可怜。

第二类是老年人想从友谊中寻求慰藉，因为他们已过了恋爱的年龄。老年是最适合男女缔结友谊的时期。为什么？因为他们那时已不复为男人或女人了。卖弄风情啊，嫉妒啊，于他们只存留着若干回忆与抽象的观念而已。但这正足以使纯粹精神的友谊具有多少惆怅难禁的韵味。

有时，两个朋友中只有一个是老年人，于是情形便困难了。但我们亦可懂得，在已退隐的曾经放浪过的青年们中间（如拜仑与曼蒲纳夫人），在彻悟的老年人和少妇之间（如曼蒲纳勋爵与维多利亚王后），很可有美满的友谊。不过，两人中年纪较长的一个，总不免感到对方太冷淡的苦痛。实在这种关系也不配称为友谊，因为一方面是可怜的恋爱，另一方面是虽有感情却很落寞。

在第三种周圈内，另有一种甜蜜而单调的情绪，即是那些过去的恋人，并未失和而从爱情转变到友谊中去的。在一切男女友谊中，这一种是最自然的了。性的高潮已经平息，但回忆永远保留着整个的结合，两个人并非陌生的。过去的情操，使他们避免嫉妒与卖弄风情的可怕的后果；他们此刻可在另一方式中自由合作，以往的相互的认识更令他们超越寻常的友谊水准。但即在这等场合，我们认为，就是男女间的友谊是可能的话，亦含有与纯粹友谊全然不同的骚乱的情操。

以上是伦理学家对于"杂有爱的成分的友谊"的攻击。要为之辩护亦非不可能。以欲念去衡量男女关系，实是非常狭隘的思想。男女间智识的交换不但是可能，甚至比男人与男人之间更易成功。歌德曾谓：

"当一个少女爱学习，一个青年男子爱教授时，两个青年的友谊是一件美事。"

人家或者可以说："这处女的好奇心只是一种潜意识的欲念化妆成智识。"但又有什么要紧？如果这欲念能刺激思想，能消灭虚荣心！在男女之间，合作与钦佩，比着竞争更为自然。在这种结合中，女人可毫无痛苦地扮演她的二重角色，她给予男人一种精神的力，一种勇气，为男人在没有女友时从来不能有的。

如果这样的智识上的友谊，把两个青年一直引向婚姻的路上，也许即是有热情的力而无热情的变幻的爱情了。共同的作业赋予夫妇生活以稳定的原素；它把危险的幻梦消灭了，使想象的活动变得有规律了，因为大家有了工作，空闲的时间便减少。我们曾描写过，不少幸福的婚姻，事实上，在数年之后已变成了真正的友谊，凡友谊中最美的形式如尊敬，如精神沟通，都具备了。

即在结婚以外，一个男人和一个女人互相成为可靠的可贵的心腹也绝非不可能。但在他们之中，友谊永不会就此代替了爱情。英国小说家洛朗斯有一封写给一个女子的奇怪的残酷的信。这女子向他要求缔结一种精神上的友谊，洛朗斯答道：

"男女间的友谊，若要把它当作基本情操，则是不可能的……不，我不要你的友谊，在你尚未感到一种完全的情操，尚未感到你的两种倾向（灵与肉的）融和一致的时候，我不要如你所有的友谊般那种局部的情操。"

洛朗斯说得有理，他的论题值得加以引申。我和他一样相信，一种单纯的友谊，灵智的或情感的，绝不是女人生活中的基本情操。女人受到的肉体的影响，远过于她们自己所想象的程度。凡她们在生理上爱好的人，在她们一生永远占着首位，且在此爱人要求的时候，她一定能把精神友谊最完满的男友为之牺牲。

一个女子最大的危险，莫过于令情感的友谊扮演性感的角色，莫过于以卖弄风情的手段对待一个男友，用她的思想来隐蔽她的欲念。一个男子若听任女子如是摆布，那是更危险。凡幸福的爱情中，所有对于自己的确信，在此绝找不到。

梵莱梨有言："爱情的真价值，在能增强一个人全部的生命力。"

纯粹属于灵的友谊，若实际上只是爱的幻影时，反能减弱生命力。

男子已迫近"爱的征服"，但猜透其不可能，故不禁怀疑自己，觉得自己无用。

洛朗斯还说："我拒绝此种微妙的友谊，因为它能损害我人格的完整。"

男女友谊这错杂的问题至少可有两种解决。第一种是友谊与爱情的混合，即男女间的关系是灵肉双方的。第二种是各有均衡的性生活的男女友谊。这样，已经获得满足的女子，不会再暗暗地把友谊转向不完全的爱情方面去。洛朗斯又说："要，就要完全的、整个的，不要这分裂的、虚伪的情操，所有的男子都憎厌这个，我亦如此。问题在于觅取你的完整的人格。唯如此，我和你的友谊才是可能，才有衷心的亲切之感。"既然身为男子与女子，若在生活中忘记了肉体的作用，始终是件疯狂的行为。

此刻我们只要研究友谊的一种上层形式了，即是宗师与信徒的关系。刚才我们曾附带提及，尽情地倾诉秘密不是常常可能的，因为友谊如爱情一般，主动的是人类，是容易犯过的。故人类中最幽密、最深刻的分子往往倾向于没有那么脆弱的结合，倾向于一个无人格性的朋友。对于这样的人，他才能更完满、更安全地信赖。

我们说过，为抚慰若干痛苦与回忆起见，把那些痛苦与回忆"在社会生活中重新回复一下"是必要的。大多数的男女心中，都有灵与肉的冲突。他们知道在社会的立场上不应该感到某种欲念，但事实上他们确感到了。人类靠着文明与社会，把可怕的天然力驯服了，但已给锁住的恶魔尚在牢笼中怒吼。它们的动作使我们惶惑迷乱。我们口里尽管背诵着法律，心里终不大愿意遵守。

不少男女，唯有在一个良心指导者的高尚的、无人格性的友谊中，方能找到他们所需要的超人的知己。对于那些没有信仰的人，唯有医生中一般对于他们的职业具有崇高的观念之士，能够尽几分力。医生以毫无成见的客观精神，谛听着一个人的忏悔，即骇人听闻的忏悔，亦不能摇动他的客观，使人能尽情倾诉也就靠着这一点。杨格 [①] 医生曾谓：

"我绝非说我们永远不该批判那些向我们乞援的人的行为。但我要说的是，如果医生要援助一个人，他首先应当从这个人的本来面目上去观察。"

我可补充一句说，医生，应当是一个艺术家，而运用哲学家与小说家的方法去了解他的病人。一个伟大的医生不但

---

① 杨格（Carl Gustav Jung），现译荣格，瑞士心理学家。

用肉体来治疗精神，还用精神去治疗肉体。他亦是一个真正的精神上的朋友。

对于某些读者，小说家亦能成为不相识的朋友，使他们自己拯救自己。一个男子或女子自以为恶魔，他因想着自己感有那么罪恶、那么非人的情操而自苦不已。突然，在读着一部美妙的小说时，他发现和他相似的人物。他安慰了，平静了；他不复孤独了。他的情操"在社会生活上回复了"，因为另一个人也有他那种情操。托尔斯泰和史当达书中的主人翁，援助了不知多少青年，使他们渡过难关。

有时，一个人把他思想的趋向，完全交付给一个他认为比他高强的人的思想。他表示倾折，他不愿辩论了；那么，他不独得了一个朋友，且有了一个宗师。我可和你们谈论此种情操，因为我曾把哲学家阿仑当作宗师。这是什么意思呢？对于一切问题，我都和他思想相同么？绝对不是。我们热情贯注的对象是不同的，而且在不少重要问题上，我和他意见不一致。但我继续受他思想的滋养，以好意的先见接受它的滋养。因为在一切对于主义的领悟中，有着信仰的成分。选择你们思想上的宗师罢，但你一次选定之后，在驳斥他们之前，先当试着去了解他们。因为在精神友谊中，如在别的友谊中一样，没有忠诚是不济事的。

靠着忠诚，你能与伟大的心灵为伴，有如一个精神上的家庭。前天，人家和我讲起一个格勒诺勃尔①地方的一个木商，他是蒙丹的友人；他出外旅行时，从来不忘随身带着他的宗师的一册书。我们也知道夏多勃里安②、史当达等死后的友人。不要犹疑，去培植这种亲切的友谊罢，即是到狂热的程度，亦是无妨。伟大的心灵会带你到一个崇高的境界，在那里，你将发现你心灵中最美、最善的部分。为要和柏拉图、柏斯格辈亲接起见，最深沉的人亦卸下他们的面具。诵读一册好书是不断的对话。书讲着，我们的灵魂答着。

有时，我们所选的宗师并非作家、哲学家，而是一个行动者。在他周围，环绕着一群在他命令之下工作着的朋友。

---

① 格勒诺勃尔（Grenoble），法国东南名城。
② 夏多勃里安（François-René de Chateaubriand），现译夏多布里昂，法国浪漫主义作家。

这些工作上的友谊是美满的，丝毫不涉嫉妒，因为大家目标相同。他们是幸福的，因为行动使友谊充实了，不令卑劣的情操有发展的机会。晚上，大家相聚，互相报告日间的成绩。大家参与同一的希望，大家得分担同样的艰难。在军官和工程师集团中，在李渥蒂①和罗斯福②周围，都可看到此种友谊。在此，"领袖"既不是以威力也不是以恐惧来统治，他在他的方式中亦是一个朋友，有时是很细腻的朋友，他是大家公认而且尊敬的倡导者，是这美满的友谊集团的中心。

以前我们说过要使一个广大的社会得以生存，必得由它的原始细胞组成，这原始细胞先是夫妇，终而是家庭。在一个肉体中，不但有结膜的、上皮的纤维，且也有神经系的、更错杂的、有相互连带关系的细胞。同样，我们的社会，应当看作首先是由家庭形成的，而这些家庭又相互联系起来，有些便发生了密切的关系，因了友谊或钦佩产生一种更错杂

① 李渥蒂（Louis-Hubert-Gonzalve Lyautey），现译利奥泰，第一次世界大战时法国名将之一。
② 罗斯福（Franklin D.Roosevelt），美国第 32 任总统。

的结合。这样，在肉的爱情这紧张的关系之上，灵的爱更织上一层轻巧的纬，虽更纤弱，但人类社会非它不能生存。现在，你们也许能窥探到这爱慕与信任的美妙的组织了，它有忠诚的维护，它是整个文明的基础。

论政治机构与经济机构

婴姻与家庭，虽然有时间和空间的变化，究还是相当稳定的制度。反之，我们的政治制度和经济制度则是摇摇不定的了。本能原有必然适应的自动性，在此亦给过于新奇的情景弄迷糊了。我们这个时代，物理学家和化学家可以在几十天内使风尚与贸易为之骚乱。人类感着贫穷的痛苦。他们缺少米麦，缺少衣服，没有住屋，没有交通。许多新奇的力量发现之后，使人类得有以少数劳作获得大量生产的方法。这种征服应该是幸福的因素了。但社会只能极迟缓地驾驭他们的新增力量。因了精神和意志特别衰弱之故，我们在充实的仓廪之前活活饿死，在阒无人居的空屋前面活活冻死。我们知道生产，可不知分配。我们所造、所铸的货币，把我们欺妄了，束缚了。有如在小车时代建造的木桥给运货汽车压坍了一样，我们为简单社会设计的政治制度，担当不起新经济的重负，得重造的了。

但若相信这再造的大业可以很快地完成的话，便犯了又危险、又幼稚的大错误了。几个夜晚可以草成一个计划，但要多少年的经验、修改、痛苦，才能改造一个社会。没有一个人类的头脑，能把种种问题的无穷的底蕴窥测周到，更没有人能预料到答案与前途。1825 年时，当欧罗巴处在和今日同样可怖的危难中奋斗，当暴动的工人捣毁机器的时候，亦无法预料到五十年后欧洲所达到的平衡状态是怎样一回事。那时所能预料的，一个麦考莱①所能预言的，只是此种平衡状态必能觅得而已。

现在我们可以抱着同样的信念。人类的历史没有完呢，它才开始。接着近百年来科学发现而来的，定将是因科学发现而成为必要的社会改革。但这脱胎换骨的适应，将很迟缓。我们且试做初步的准备，先来研究一下我们的形势。

一

现代国家，不论是何种政制，专制也好，寡头政治也好，

---

① 麦考莱（Macauley），19 世纪英国政治家。

孟德斯鸠^①所研究的民主政治也好，其特点是经济作用到了统治一切的程度。凡是往昔由私人经济担当的种种任务，今日都由国家担负了。我们得追究这权力是怎样转移的。

自由经济的世界，如在19世纪末期的法兰西还能看到的，是由乡村的坚实的机构促成的。那时，在全地球，在无数的企业中，银行、农庄、商号、小店，人们到处在追求财富。他们追求时并无什么全盘的计划，但这千千万万的人的情欲、需求、冒失的总和，居然把平衡状态随时维持住了。不景气的巨潮并非没有，它亦和今日一样带着大批的灾祸而俱来：失业、破产、倾家，但巨潮的猛烈之势很快有了挽救之方。每个企业的领袖，研究着以前的不景气潮起伏之势，参考着自己和长一辈人的回忆，懂得从前物价曾低落到使人人可以毫无顾虑地购买的程度。在法国为数最多的家庭旧企业中，人们对于这些周期的风浪并不十分害怕。船在大海中把得很稳，亦并不装载过于沉重的资本。在那个时代经营家庭工业的人看来，向银行借

---

① 孟德斯鸠（Baron de Montesquieu），法国启蒙时期思想家。

款是一桩罪恶。如果遭到了这种灾祸，便把家庭生活极力紧缩，直到漏卮填塞了为止。事业的需要胜过人类的需要，或说得准确些，是人和事业合为一体，必须事业繁荣，人类方得幸福。那时代，一个人对于事业的忠诚，竟带着一种神秘色彩，也即是这一点，造成了事业的势力与光华。事业的忠诚和职业上的荣誉，是当时法国最普遍的美德。

里昂①、罗贝②、诺尔曼堤③各处的大店主，从没想到和同业联合起来，以消灭竞争，更未想到在经济恐慌时要依赖国家救济。竞争者即是敌人，如果他在社交中——那时也很少——遇到他们，他说话亦很勉强，很留神。和州长、部长的关系，也不过在罢工时请求他们保护工厂而已。反之，国家亦难得注意经济问题。党派之分野，多半是为思想，很少为利害关系。经济生活自有个人的反应支持着，这些反应，因为直接受制于极单纯的本能之故，自会应运而生。

---

① 里昂（Lyon），法国东南部城市。
② 罗贝（Roubaix），现译鲁贝，法国北部织造业中心。
③ 诺尔曼堤（Normandie），现译诺曼底，法国西北部区城。

多数重要的事业，都由此社会的自然生活承担着。举一个例子来说，在大半的工业城中，法国专门教育是由那些义务教员借着公共场所组织成的。互助协会的会长与司库只是中等阶级的人，他们于星期日到会工作，计算账目，可毫无报酬；这样，他们使国家不费一钱得有社会保险组织，虽然不完全，但是自动的，诚实的，可靠的。在英国与美国，私人建设在国家生活上所占的地位更为重要。大学有着自己的财产，医院亦是独立的。

无限公司的发达，成为近代经济生活中第二阶段的特点，但亦和第一阶段的若干重要原素同时并存。股份公司使没有资产的人亦能集合资本去购买近代技术所需的价值日昂的机器。它使下层民众亦能参加大企业。但它所优惠的，只是无数庞大的事业，到处都是股东而没有负责的领袖。

不久，因股票的发行、购买、转让而产生的利益，竟超过了工厂、矿产与一切实在的事业。商业变成抽象的买卖，和人类困苦艰难的作为更无丝毫关联。实业家、商人、农夫，在一生所能积聚的财产，一向是被他们的工作与监督的力量限制着的。至此，商业组合，股票转让，笔尖一挥所能挣得的钱财，变成没有限制的了。应当看一看数字。在美国，二百家公司共同支配着六百万万美金，合九千万法郎，等于全国财富总额百分之三十四，而这二百家公司的行政人员和参与种种会议的人还不满一千。据最近调查证明，这些人中，至少有一部分丝毫不顾他们所管理着的企业的利益。他们以自己的证券做投机事业，操纵着贷借对照表，以减少股东的利益，造出虚伪的亏损，以逃避法律规定的税则。在他们前面，一个中等人士如果想做一些小小的投资时，便毫无力量，毫无凭借。慕索里尼^①曾经说过：

"资本主义的企业，从百万转到亿兆的时候，已变成妖魔般的东西了。企业规模之巨大，超过了人的能力：以前是精神控制着物质，此刻是物质控制着精神了。原是正常的生理状态，现在变为病理状态了。"

特别是大战以来，尤其在美国、德国，经济世界显得如

---

① 慕索里尼（Benito Mussolini），现译墨索里尼，法西斯主义的创始人，第二次世界大战主战人之一。

一个神话似的、云端里的世界，全给几个妖魔统治着。自然的反应因企业集中而消灭了。获利的欲念胜过了职业上的荣誉观念。有些地方，国家试着保护生产；有些地方，试着限制生产；投机家因愚昧之故，竭力把经济危机延宕着不让它爆发，不知这更增强了爆发时的猛烈之势。本能，在从前是颇有力量的，此刻亦失掉功用。假如你把一群海狸迁居到图书馆里去，它们只能用书籍来筑堤，这种堤是毫无用处的。同样，俭约的人拼命积聚钱财，而纸钞却在他手中渐渐解体，化为乌有。社会尽管牵伸着做出若干动作，表示它还有"垂死之生"，但在受害最烈的地方，麻痹的症候已蔓延到巨灵的全部关节中去。

若果大企业的主持者能够谨慎将事，能够保持规律，则自然反应的缺乏亦不致如是牵动大局。人们可以假定一种由自然的经济领袖统治的经济。领袖中，明智之辈即曾探求过此种经济的法则。但其余大多数人，赋有封建思想，宁愿战斗，不爱安全。即以美国而论，垣街①的主人翁听让大众投

———————

① 现译华尔街。

入 1930 年的金价高潮中去，既不制止，亦不警告。他们却在谣言之上加上谣言。他们漫无限制地贷款给外国，毫不研究归还的可能性。他们使购买国结合起来，使自己的放款无法收回，把买主变成了竞争者。他们甚至不曾清查克莱葛^①的账目。罗斯福总统的一个顾问，曾谓美国最迫切的需要之一，乃是创立一所银行家学校。

当那些妖魔自认无法阻止他们的魔宫崩圮时，他们、他们的职工和主顾，自然而然齐向国家求援。是国家应当运用权力保护他们，使人家订他们的货，设立机关，安插他们，操纵货币，以结束经济恐慌，以公家的组织代替私人制度。第三阶段，乞援于国家的阶段，因大众的需求和资本家的卸职而临到了。

在此种历程之初，在孟德斯鸠甚至巴尔扎克的时代，大家所处的社会还是有机体的，有生命的。无数的细胞、农村、小铺子、小工厂，互易有无，互相生养，构成了这个社会

---

① 克莱葛（Ivar Kreuger），现译克鲁格，瑞典"火柴大王"，以破产自杀。

层次分明的经纬。某几个集团担任了较为错杂的事业，如保险、教育、慈善等。这一切又构成了国家，国家无异一个有生命的躯体的头脑。但头脑不能统治细胞在肉体内发生的内部化学作用，故国家亦不懂事业的内部化学作用；在社会诸原素间，在此社会与异国的人民间，国家只是联络一切的媒介。

在此历程之末，大部分的社会细胞解体了，窒息了，向头脑与神经系统要求代行职务。在法国，病还不至于无可救药，农业社会、手工艺社会、商业社会，依旧生存着。然而试把国家在 1934 年所负的责任与 1834 年的做一比较，便知在我国亦如他处一样，政府这机器变得十二分繁复了，凡是从前遇到艰难时代由独立组织承当的工作，现在都压在政府肩上。它能不能胜任呢？

二

一切团体行动必需有一个领袖。不论是为战败一个敌人或为铺设一条路轨，人类本能都昭示出应当服从一个人的命令。但一个不知规律的领袖，对于一切个人的幸福与安全，都是一种危险。因此，权威与自由两种似乎矛盾的需要，便发生了与人类社会同样古老的争执。民众随着情势之变迁，依违于两者之间。他们需要完成什么艰难的事业时，便倾向于权威；一俟事业告成，又换了自由的口号。

这种转变的例子很多，封建制度与君主集权都是从封建以前的无政府状态中产生的。虽然也有苛求，它究竟被人民接受了，因为在那个时代，它代表民众的救星。一俟社会秩序回复之时，要求更大的正谊的欲念，又使人类向法律、向君王、向议会请求保障了。封建制度并非以强力勒令愤懑的民众遵守的制度，在未被憎恨之前，它亦受人祝祷过来。愤懑是从成功中产生的。故在 18 世纪时，专制政体最初获得信任，继而被怀疑，终于酿成革命。法律是为生人制定的，它和人类同时演化，同时生长，同时死灭。

一个国家的形式，若能把行动的威力、尊重私人生活的态度、改换失时的制度以适应新环境的机能等，熔冶得愈完满，其生命也愈持久。如英国那样孕育、转变的君主立宪，在 1860 年左右，确能适合上述的三重理想。它尊重法律，同时，亦顾及个人的幸福。那时，它很稳定，因为在民众愤懑时，它具有保护安全的活塞。

在政治上，如在经济上一样，一种健全的机构应当有自然的反应。如 19 世纪时限制选举与议会制的君主制度中，财政的活塞似乎是切实有效的。选民是纳税人，纳税人自己监督着岁出，遇岁出过巨，便立予制止。但那种制度究竟不完全，因为没有大众的代表。这些大众，在那时，唯有借了暴动与叛乱来做宣泄愤懑的活塞。于是，在法国是一场革命，在英国是一种妥协，把普选制确定了。这种制度，在很久的时期内使一切公民幻想着真的获有参政权了。以普选选出的议会，不啻一个"常设的反叛机关"，代表着国家真实的力量，有拳，有枪，使大众不必再在街上揎拳攘臂，亲自出马了。

在相当时间内，这种机构运用得很顺利；以后，有如永远不能避免的那样，种种冲突使它越出了常轨。这冲突的主要原因是什么呢？

第一，机械的发明，不独改变了经济制度，且把国家警卫力的性质也变易了。

维持秩序的方法、集团的力量，与科学发现、人类信念同时改变了，以至制度的优劣，须视变化无定的媒介物而定。在浑身盔甲的骑士显得不可伤害、坚固的城堡显得不可侵犯的时候，唯有封建制度能够维持秩序。射击火器与炮弹的发明，使君主专制代替了诸侯分霸，以后更由大众来推翻君主政体。威尔斯①在今日预言，种种新式武器、飞机、铁甲车等，使一般优秀的技术家具有制服大众的能力，将来可以重新形成骑士制。更加上广播思想的方法（电影、无线电），能使一个党魁或政府领袖在公共集会以外向群众宣达意旨，几乎如在古代共和邦中一样的容易。

第二，普选与国家膨胀混合起来，产生了财政上的愚民政治。

今日监督国家支出的，已不是以议员为代表的纳税人，

---

① 威尔斯（Herbert George Wells），英国小说家。

而是享受利益的人了。"无代表，不纳税"，曾经是英国"德谟克拉西"①的第一句口号，亦是使议会制普遍化的公式。我们则无代表的纳税人与不纳税的代表兼而有之了，因为缴付最重的赋税的是少数人，大多数的选民是不纳直接税的。于是最安全的活塞之一给闭塞了。在选举能够直接确定纳税问题时，纳税人的自然反应是有效的。故一个小县、一个小社会里的行政，往往管理得很好。一朝由一种陌生的、遥远的政权来分配恤金与俸给时，街上的平民便看不到纳税与权益之间有何关联了。国家预算与收入，尽量膨胀，超过了一切合理的界限。国家把借以为生的社会吞噬了。纳税人失去了天然的政治自卫力，不是反抗便是逃避。

第三，腐化是与人类天性同等古老的一种罪恶，但在自由经济中，便不容易侵入组成真实社会的小组织。

各人主持着自己的事业，利益与道德是融和一致的。定购机器的实业家，采办货物的商人，在他们自己的买卖中是

---

① 英语 democracy 的音译，意为"民主"。

不取佣金的。反之，国家或大公司的订货或补助金，若其支配权落在一般不负责任的领袖手里时，腐败的弊病即不能免，因为他们的私人利益和受着委托的公众利益是分得很清的。最诚实的人能抵御物质的诱惑，但法律是不应当为诚实的人订立的啊。再若舆论这活塞能自由发挥功能，危险也就小得多，但舆论正是那些以欺妄获利的人造成的。民众很少批评精神，故少数活动分子，不必如何操心，即很易操纵他们。富人们，受着愚民政策的威胁时，便用他们的天然武器——金钱——来自卫。现代的玛希阿凡①教这些富翁在利益之上蒙上一副"善人德性"的面具。如柏拉图所描写过的一般，民主政治自然而然演化成金钱政治。

第四，政权的混乱把鉴别力、生活力、监督力的最后原素也消灭了。

以理论言，在一个议会制的政府中，人民选择代表，代表选择执行政权的领袖，即那些统治国家的阁员，而舆论更

---

① 玛希阿凡（Niccolò Machiavelli），现译马基亚维利，15世纪意大利政治思想家。

131

以所选出的两院来间接监督阁员。但事实上，代表们由于一种无可克制的习惯，很快成为麻木不仁的职业者，他们以各种要求来代替他们的监督，阁员们受着干求的压迫，又被议会和许多常设委员会（他们比阁员更稳定，极有权力，可毫不负责）。弄得疲于奔命，唯有努力延长自己的局面，而非治理国事了。

于是，当社会解体、国家被召去承继如是棘手的事业时，它亦没有权威，没有适应时势的反动力，没有连续一贯的计划。

三

别国的集权主义的成功，此时使关于我们的制度的批评，显得更苛刻、更危险。特殊事故之能转变一般思想，历史上已有明证。君主立宪的英国的胜利，在 18 世纪初叶使多少倾向君主专制的思想都为之转变。"不列颠海军与玛鲍罗葛^①产生了洛克^②与其他英国哲学家趋向欧洲大陆的潮流。"拿破仑的败灭，更增强了欧洲各国倾向英国政体的风气。19世纪时，不列颠工商业称霸世界，1870至1885年间，法国迅速复兴，1918年，协约国战胜。这些史实又增加了自由议会制的威信。凡由国际条约产生的新国家，没有一个敢不采两院制。非洲，甚至在亚洲，也似乎被这传染病征服了。

1920至1930年这十年间，协约国无力重建欧洲的均势了，于是威信隳落。意大利法西斯主义的成功，它的创立者的天才，俄罗斯的革命，创造了全然相反的一种方式。德国，最先想仿效战胜国的法律，后来终亦拥出一个"狄克推多"^③。政治哲学家正在寻找理由来罢黜他们以前崇拜的制度。

要从这些国际的模仿中去找出定律来是很难的。传染病在某些疆界上也会停止蔓延。在法国大革命时，许多英国人

---

① 鲍罗葛（Marlborough），现译马尔巴罗，19世纪英国名将。
② 洛克（John Locke），英国哲学家。
③ 英语 dictator 的音译，意为"独裁者"。

对于革命的普遍的胜利，有的表示害怕，有的表示期望。事实上，法国大革命并没此种普遍的胜利。但虽然没有表面上的革命，别的民族亦会借用邻国的新制度，因为它适应实际的需要，适应一般风俗的转变。我们可说，大战以后，德国史上最重要的事变，莫过于模仿罗马了。

然而，如果思想真会传染的话，它从一个地方传到另一个地方时，亦能变形。制度成功之后，常使名字与象征具有一种暗示力，而那些名字、口号即以渗透作用深入邻国。"帝国""凯撒"这些名词，直至两千年后的今日，还保有相当的力量。意大利法西斯主义的姿态、字汇，被全世界抄袭了去。但无论哪一个民族，尽管自以为承受了别一个民族的组织，实际上总以自己固有的民族天才，把别人的组织改变过了，这天才即是他的历史的机能。法兰西共和国，不论他自己愿或不愿，确是继续着路易十四①与拿破仑的"集中"事业

---

① 路易十四（Louis-Dieudonne），波旁王朝的法国国王和纳瓦拉国王，以雄才大略、文治武功，使法兰西王国成为当时欧洲最强大的国家，是有确切记录在欧洲历史中在位最久的独立主权君主。

（l' oeuvre centralisa trice）。马克思的社会主义，在俄国亦不得不承受沙皇时代的官僚传统。在德国，罗马的法西斯主义变成了异教的，狂热的，极端的。字汇的混淆，造成了思想的混淆，令人相信使用相同的名词即能造成相同的制度。

多少谈论议会制度的人，不论是颂赞或诅咒，似乎都相信，这种制度在一切采用它的国家内，都是相同的。事实上，从英国输入法国和美国的制度，在三个国家中各有特殊的面目。不列颠宪法以解散议会权为基础，这便构成了执行政权的人的威力与稳定，又如各大政党对于领袖的忠诚，各个政党领袖共同对于君王的忠诚，亦是英国宪法的基础。在美国，总统成为权力远胜英王几倍的独裁者，但他是选举出来的，而他的议会亦远没有英国下院般的权力。法国的个人主义，则使稳固的政党组织变得不可能，一桩历史上的事故，例如马克·马洪^①的冒险的举动，使解散国会这武器成为无用。可见，即在国家内部，未经任何新法律所改变过的

---

① 马克·马洪（Mac-Mahon），现译麦克马洪，19 世纪法国元帅，后成为法兰西第三共和国第二任总统，曾滥用解散议会权，铸成大错。

宪法，亦会受着事变的影响而演化。

因此，把民主和独裁、自由和集权对峙，好似确切固定的形式一般，是完全不正确的。我们可再说一遍：一切制度，随着自然的节奏，在自由与集权之间轮流嬗变。没有一种民主政治可以不需权威，也没有一种独裁不得大多数被统治者的同意而能久存。泰勒朗[①]曾言：

"有了刀剑，你什么都可以做，但你不能坐在刀剑上面。"

没有一个领袖，单靠着卫队，不得大多数国民的同意或至少是不干涉态度，而能创造一种持久的政体的。最煊赫的威名，也不能使一个领袖把他的民族导向违反本国历史传统的路上去。邻国新政体的成功，能以传染与模仿之力，左右一个依违于自由和集权之间的国家的政治生活；但经过了一番迷离歧途的痛苦之后，它仍将继续它固有的历史传统。

由此可知，在法国，问题绝不在于抄袭俄、意、德诸国的制度，那是和它不同的历史的产物，而且那些制度之有无

① 泰勒朗（Charles Maurice de Talleyrand-Périgord），现译塔列朗，法国大革命时期政治人物。

价值，还需因执行者的品格而定，问题是在这些外国食粮中辨识何种才能拿来消化成自己的本体，更进一层，还得将自己的法律，研究其错综变幻，以探寻其与现社会发生冲突的要点。

四

把法律加以简单的更动，是否能在国家生命上发生深切的影响？症结岂非尤在国民的灵魂而不在法律么？

在有些时候，信仰确能为法律之所不能为。在我们的弊病中，道德原则的衰落，也确应当和制度的衰老负着同等责任。梵莱梨在孟德斯鸠全集序言中，叙述人类在繁荣时代怎样会遗忘成功的秘诀——道德，而在忧患重临时又怎样会重新去称颂那些为社会必不可少的美德。克莱芒梭①曾谓：

"一个强毅果敢之士，在公众情操期望威力之时，可以

---

① 克莱芒梭（Georges Clémenceau），现译克列孟梭，法国政治家，法兰西第三共和国总理。

不必涉及法律而径以领袖的态度统治。但此种因情操剧变而发生的更动，唯有改革制度方能维持长久。"

斯宾诺莎[①]的《政治论》（*Traité Politique*）中有言：

"人类必然是情欲的奴隶。若是一个国家的运命完全系于个人的诚实，凡百事务必须落在老实人手里方能处理得很好时，这个国家绝不会如何稳定……在国家的安全上讲，只要事务处理得好，我们亦可不问政府施政时的动机何若。个人的德性是自由或魄力，国家的德性却是安全。"

我们认为，健全的宪法，其定义可以归结如下：如果宪法能使政府人员之奉公守法，不但是因富有热忱、德性、理智之故，且为他们的本能与利益所促使，那么，这宪法便是良好的宪法。

法律所能自动施于情欲的影响，不难举例。在法国，何种简单的动机促使政府不稳定呢？我们不妨把英、法两国议员对于秉政内阁所怀抱的情操作一比较。假定此两国人士的

---

① 斯宾诺莎（Baruch de Spinoza），17 世纪荷兰唯物主义哲学家。

爱国心与野心差不多相同，一个英国议员，若投票反对自己的政党而参与倒阁运动，究竟能有什么希望？一些好处也没有。他将因此脱党，使自己下届不能重新获选。他亦绝无入阁的可能，因为内阁几乎一定会采取解散国会的措置。国会的解散，使他在任期未满以前，不得不筹一笔安排选举运动的费用。若使他欺弄了他的政党，他必得同时牵连到他的选区。而这亦不是一件容易的事。故英国议员的私人利益，完全依赖着政府的稳定。在英国，倒阁是没有报酬的。在法国，却有这种报酬，议员的私人利益有赖于政府的不稳定。如果他参与倒阁，又有什么可惧？他将有重新竞选的危险么？当然不，既然从不解散国会已经成为一种习惯。他将被开除党籍么？这或许可能，但众院里的政党那么多，他立刻可以加入另一个党。反之，对于下台的阁员，他能取而代之么？得承认他有此机会。政府领袖在组织新阁时，往往把对于前任内阁玩了巧妙的手段的某某议员，依为股肱。他们宁愿一个危险分子做他们的羽党而不愿他居于敌党。在法国，习惯使倒阁有了酬报。

在若干构造很好的机器中，工人的一桩错误，或零件的一些毛病，会自动促成一种动作——把机器校准；同样，在完满的宪法中，统治者的过失亦能自动促成制裁。当然，我们应想到完满的宪法是永远不存在的，即使人们能够悬想，亦难适应动荡不已的风俗。这并非说因此我们便不必用宪法去适应目前的局势。但宪法的改革，如一切改革一样，应从风俗方面去感悟，而不当着重抽象的推理。因为当国家的权威能够及于法律时，国家的权威亦早已恢复了。

五

政治上的改革，能不能使国家去补足自然经济（économies pontanée）的匮乏？我不信这种结果是可能的，亦不信是值得愿望的。由国家单独统治的经济，永远是勉强的。一切工作将因之官僚化；集团救济亦将有所不足，因为当未来的疾苦显得"非个人的"疾苦时，也不会如何令人惊怵了；连选利益的压迫，胜过了需要与责任的压迫。国家可以有益地运用监督机能，它可以强迫生产者顾及大众利益；但事实证明，它若要支配生产，必得把权力转移。

那么怎么办呢？恢复一个与19世纪相仿的社会么？鼓励那些在经济恐慌时有神妙的调节力的小农庄、小企业，使它们复兴么？许多国家都试着这么做。美、德、意各国的政府，都希望能创造那些非"企业的"而只是生产粮食的农庄。即在法国，因为工业到处都和农业有密切的关联，工人们家里都有一方菜园，故失业的痛苦亦没有别国剧烈。在英国，某阁员正在设法振兴农业。在俄国，由莫斯科指挥一切的计划，试行了很久，现在却亦努力放弃官僚政治而提倡土著生活了。在美国，小企业及中等企业之比着大实业更易复兴，已是大家公认的事实。应当回复那有生机的生活方式，应当把这一点劝告青年，这是毫无疑问的。我们使青年们抱着"大量生产""巨额主义"的理想也太久了。我们可以假想，未来的一代，将寻求一种悠闲的耕种生活，只要简单的工作便可支持的生活。

但此只是本问题许多原素之一。若干技术，因性质关系，唯有在大工厂中方能实现。交通事业与重工业的集中，公务员联合会的势力，都是事实。人们尽可不赞同，尽可表示扼腕，但不能否认它。自由主义本身固不失为良好的主义，在理论上几亦无懈可击。但它有一点大毛病，即是已经死灭了。我们是否应当去请教职业组织及劳资联合会，以便驾驭这些巨大的机器？此种会社之目的，在于团体的自卫，在于和另一个团体斗争，以前，它们难得顾虑处在明哲的观点上必须顾到的国家利益。它们组成激烈的、富于感情的团体，领袖们也只筹划如何获得会员的赞同，全不知国家有何需要，他们的敌人有何理由。

然而这些职业会社中尽有内行的人才。假令不请他们参与政权而只去咨询他们，是不是有益的呢？人家已经用种种不同的方式试过，结果老是很平庸，或竟毫无。咨询委员会是最枉费的组织。委员们知道自己是毫无势力的，故对于无目标的工作感到厌倦。"愿而不为的人酿成腐败。"开会时难得出席，决议亦没有下文。一个委员会所能产生的，是报告书而非行为。

但一种工业，不能在国家监督之下自己定出一种法规，定出若干制度么？这似乎并非不可能。唯我们对于此等方法究能有何种期望，则尚须等待美国与意大利试验的结果如何，方可知道。如果结果有利，则我们可在同样的制度中，以生产者相互间的协定，获得统治生产的方法，且在新形势下，有方法重新组织一个具有健全反应的、活的社会，重新确立一种职业的荣誉。

有人常把人类比作一个失眠的人，因为右侧睡不熟，故翻向左侧，几分钟后，重复转向右侧。这境象可说形容毕肖。人们对于使其受苦的弊病加以反抗，他们试用一种全然相反的方法，应用到矫枉过正的地步，到荒谬绝伦的地步，以致又促成了新的弊害。于是，百年前称为解放的，现在称为苛暴，往昔的弊病重新成为热烈愿望的一种改革。

中世纪时，曾有过统治经济，订定物价与工资的权，不是操诸竞争者，而是先在同业联合及同业会手中，终于落在国家掌握内。有利率的贷款与"收益"这种思想，是被教会排斥的。教会承认人类有以劳作来增加自己财富的权利，但不承认他称为高利贷的放款，不问放款之数目多寡。为避免生产过剩起见，选择职业权的限制之严，远过于罗斯福总统的复兴法规。

随后，时代变了，18世纪末叶，人类开始反抗上述的思想，经济学家宣称，自然律的变化，较诸同业的监督，更能保障物价的正当变动。各人依着自己的利益而行动，私人利益的总和终究与公共利益相符。此种主义在当时的大地主目光中是革命的。自由，无疑是"急进"。酝酿法国大革命的"头脑组合"（Trust des Cerveaux）即是自由经济学者组成的。同业会被当时的急进派斥为"流弊无穷"，抨击不遗余力。

一个半世纪过去了，循环的周圈告成了。在今日，经济学上的自由主义者是保守者。正统派的大家认为，中世纪的统治经济是"急进的"，危险的。而年轻的人对于高利贷，又抱着如12世纪时教会所倡的那么严厉而明哲的主张。他们把产业区别为具体的（如农庄、小商店、主人自营的小企业等）与抽象的（如股东、董事等的产业）二种：前者是他们认可的，后者是排斥的。有的有意识地，有的无意识地，他们都祝祷人类回到在三百年前已非新颖的思想与制度上去。

我们再来观察英国。这个国家曾经是自由贸易与放任制度的禁城，这些主义也为它挣了全部财富，但数年来已听到有完全相反的理论。这岂非可怪么？英国今日亦在怨叹自由的放任制度，而需要"它的计划"了。它便创立了无数的计划。有"牛乳计划"，有"猪类计划"，有"啤酒原料计划"。不列颠政府向棉业界、钢业界的人说："我们极愿保护你们，但有一个条件，即你们得妥协，订货得由大家来分配，得确定你们的工资，并且一律遵守，国外市场应当用合理方法共同研究。"这不是中世纪的同业组合经济是什么呢？放任了多少年之后，岂非重又回到从前英国羊毛以集团方式输入弗朗特①的局势么？

这种说法，可不足以借此反对似乎新颖实是再生的主义。

---

① 比利时荷兰境。

这等往复循环的运动是极自然的，而且是必需的。人类永远缺少节制。因为自由是一种美德，故把自由滥用，直到无政府状态。于是，发觉他所继续推行着的混乱状态（他还不相称地谓为自由），使一切社会生活变得不可能了，他便喊起集权的口号。他们是对的，或更准确地说，如果他们只以恢复权威为限，他们是对的。但如他们狂嗜自由一般，他们又狂嗜权威了。他们把最不足为害的东西，也说是自由的过失。权威与苛暴，坚决与蛮横，他们都混在一起。终于，不可胜数的极端行为，使一般为提倡而牺牲的人都感到失望。在新恢复的秩序中，要求独立的愿望与嗜好觉醒了。不久，三十年前的人冒着锋镝去打倒的东西，人们又不惜牺牲生命去争取。

挽救之道莫如在生死关头悬崖勒马。但往前直冲的来势太猛了，钟锤依旧在摇摆。这便是我们所谓的历史。

六

哲学家们常常问，这些周期的来复，是否使人类永远停留在同样悲惨、同样愚蠢、同样偏枉的水准上？或相反，钟锤在摇摆之中慢慢地升向更幸福的区域？我相信这并不真正成为问题，也不是如何重要的问题。政府的职责，在于补救目前的灾患，准备最近的将来，它的工作不是为辽远的前程，为几乎不可思议的境界。彭维尔 ① 有言：

"凡是殚精竭虑去计算事变的人，其所得的结果之价值，与对着咖啡壶作观察的人所得的，相差无几。"

人类经历平衡的阶段（1870 至 1914 年间我们父辈的生活便在此阶段中度过），随后他进到了狂风暴雨与冲突击撞的境界。这些冲突解决之后，人类又达到一个新阶段。这时候，两种冲突应该得到解决了。第一是最严重的：经济冲突。自由的资本主义不存在了，国家经济亦难有何等成就。在私有产业的利益（这似乎是无可代替的）与明智的监督之间，应当觅得一种沆瀣一气的方法。问题定会解决，而我们敢言，此解决方式既非共产主义的，亦非资本主义的，而是

① 彭维尔（John Bainville），现译班维尔，爱尔兰作家。

采取两种主义的原素以形成的。同样，政治争端的解决方式，既不会是纯粹民主的，亦不会是纯粹集权的。止的论调也好，负的论调也好，黑格尔^①曾阐述过：

"人类社会的历史，是由那些相反制度递嬗的（有时是突兀的）胜利造成的。随后，犹疑不决的智慧所认为矛盾的原素，毕竟借综合之力而获得妥协，而融成有生机的社会。"

———————————

① 黑格尔（G. W. F. Hegel），19 世纪德国唯心主义哲学家。

论幸福

　　在我们的研究的各阶段中，随时遇到幸福问题。婚姻是不是一对男女最幸福的境界？人能不能在家庭、在友谊中找到幸福？我们的法律是否有利于我们的幸福？此刻当把这不可或缺而含义暧昧的字，加以更明白的界说。

　　何谓幸福？方登纳^①在《幸福论》（*Traité du Bonheur*）那册小书中所假设的定义是："幸福是人们希望永久不变的一种境界。"当然，如果我们肉体与精神所处的一种境界，能使我们想"我愿一切都如此永存下去"，或如浮士德对"瞬间"所说的"哦！留着吧，你，你是如此美妙"，那么，我们无疑地是幸福了。

　　但若所谓"境界"，是指在一时间内占据一个人意识的全部现象。那么，这些现象之持久不变的存续时间，是不可思议的。且亦无法感知它是连续的时间。什么是不变化的时

---

① 方登纳（Bernard Le Bovier de Fontenelle），现译丰特奈尔，法国哲学家。

间呢？组成那种完满境界的成分，既然多数是脆弱的，又怎么会永存不变呢？如果这完满境界是指人而言，那么他有老死的时候；如指一阕音乐，那么它有静止的时候；如指一部书，那么它有终了的时候。我们尽可愿望一个境界有"持久不变的存续时间"，但我们知道，即在我们愿望之时，那种不变，那种稳定，已经是不可能了，且就令"瞬间"能够加以固定，它所给予我们的幸福，亦将因新事故的发生而归于消灭。

故在组成幸福境界的许多原素中，应当分辨出有些原素尽可变化而毫不妨害幸福，反之，有些原素则为保障幸福的存续所必不可少的。在托尔斯泰的一部小说①中才订了婚的莱维纳，走在路上觉得一切都美妙无比，天更美，鸟唱得更好；老门房瞩视他时，目光中特别含有温情。但这一天的莱维纳，在别一个城市里，亦会感到同样的幸福，所见的人与物尽管不同，他却一样会觉得"美妙无比"。他随身带有一种灵光，

---

① 即《安娜小史》。

使一切都变得美妙；而这灵光亦即是他的幸福的本体。

构成幸福的，既非事故与娱乐，亦非赏心悦目的奇观，而是把心中自有的美点传达给外界事故的一种精神状态。我们祈求永续不变的，亦是此种精神状态，而非纷繁的世事。这精神状态真是"内在"的么？除了外界一切事物能因了它而有奇迹般的改观以外，还有别的标识，足使我们辨别出此种精神状态么？我们的思想中若除了感觉与回忆，便只剩下一片静寂的、不可言状的空虚。神秘的、入定的幻影，即使它只是一片热烘烘的境界，亦只是幻影而已。哪里有纯粹的入定，纯粹的幸福呢？有如若干发光的鱼，看到深沉的水，海里的萍藻与怪物，在它们迫近时都发射光亮，却看不到发光的本体，因为本体即在发光鱼自身之内。同样，幸福的人在凡百事物中观察到他的幸福的光芒，却极难窥到幸福本体。

这光或力的根源，虽为观察者所无法探测，但若研究它在各种情形中的变幻时，有时亦能发现此根源之性质。在确定幸福的性质（这是我们真正的论题）之前，先把幸福所有的障碍全部考察一下，也许更易抓住我们的问题。我们不妨打开邦陶尔①的盒子，在看着那些人类的祸患往外飞的时候，我们试把最普通的疾苦记录下来。

首先可以看到灾祸与疾病的蜂群。这是一切患难中最可怖的，当灾祸疾病把人类磨难太甚，而且磨难不已的时候，明哲的智慧亦难有多少救治之方了。像禁欲派那样地说"痛苦"只是一个名词，固然是容易："因为，他们说，过去的痛苦已不存在，现在的痛苦无从捉摸，而未来的痛苦还未发生。"事实上可不然。人并非许多"瞬间"的连续，我们无法把那些连续随意分解开来。过去的痛苦的回忆，能把现在的感觉继续地加强。无疑的，一个强毅之士能和痛苦奋斗而始终保持清明宁静的心地。蒙丹曾以极大的勇气忍受一场非常痛苦的疾病。但当生命只剩一声痛苦的呼号时，即是大智

---

① 邦陶尔（Pandore），现译潘多拉。希腊神话中，她是人类中第一个女子，赋有一切美德。丘比特将其嫁给人类中第一个男子埃庇米修斯（Epimétée）时赠予一盒，把一切灾祸、疾病、死亡、贫穷、嫉妒……禁锢在内。埃庇米修斯不听嘱咐，偷偷地把盒子打开了，于是人间满布着灾祸的种子。此项神话与基督教传说中的亚当与夏娃含有同样的意义。

大圣又有何法？

　　至于贫穷，狄奥也纳^①自然可以加以轻蔑，因为他有太阳，有他的食粮，有他的木桶，且亦因为他是独个子。但若狄奥也纳是失业者，领着四个孩子，住在一座恶寒的城里，吃饭得付现钱的地方，我倒要看看他怎么办。在于勒·洛曼^②一部题作《微贱者》（les Humbles）的小说中，有一章描写一个十岁的儿童发现贫穷的情景。这才是真正的受苦。实际上，用哲学去安慰饥寒交迫的人，无疑是和他们开玩笑。他们需要的却是粥汤与温暖啊。

　　这些疾病与贫穷的极端情形，可绝不能和虽然难堪，究竟没有那么可怕，且亦不成为幸福的真正阻碍的情形相混。禁欲派把我们的需要分作两类，一是"自然的，不可少的"需要，如饥与渴，那是必须满足的，否则会使我们什么念头都没有而只一天到晚地想着它；另一类则是"自然的但非

---

① 狄奥也纳（Diogenēs），现译狄奥根尼，公元前4世纪希腊禁欲主义哲学家，主张自然生活，排斥财富。他终年跣足，夜间睡在庙堂阶前的一只木桶中，他所有的衣服只有一袭大氅。
② 于勒·洛曼（Jules Romains），法国作家。

不可少的"需要。这种辨别极有理由。人世固然有真正的疾病、真正的贫穷，值得我们矜怜，但幻想的疾病和真实的疾病一样多。精神影响肉体的力量，令人难于置信，而我们的疾苦多数是假想的。有真的病人，亦有自以为的病人，更有自己致病的人。蒙丹在鲍尔多①当市长时，对市民说："我极愿把你们的事情抓在手里办，可不愿放在肺肝之中②。"

和志愿病人或幻想病人一样，亦有幻想的穷人。你说如何不幸，因为普及全人类的经济恐慌减少了你的收入；但只要你还有一个住所，还能吃饱穿暖，你说的不幸实是对于真正的贫穷的侮辱。一个朋友告诉我，有一个做散工的女佣，因为在更换卧室时，她的最美的家具，一架弹簧床，无法搬入新屋，故而自杀了。这是虚伪不幸的象征。

贫困与疾病之外，其次是失败了：爱情的失败，野心的失败，行动的失败。我们怀抱着种种计划，幻想着某种前程；但世间把我们的计划挫折了，未来的希望毁灭了。我们

---

① 鲍尔多（Bordeaux），现译波尔多，法国西南部大商埠。
② 空费心思之意。

曾希望被爱，可没有被爱，我们日夜受着嫉妒的煎熬。我们期望一个位置，一项报酬，一种成功，一次旅行，而都错过了。在这等情形中，禁欲派的学说自然战胜了，因为这些不幸，大半并非实在的不幸，而是见解上的不幸。为何觖望的野心家是不幸的呢？因为他肉体受苦么？绝对不。而是"因为对于过去，他想着阻止他实现愿望的过失；对于将来，想着敌手的机诈将妨害他的成功"。如果不去想可能的或将来的局面，而努力正确地想他现在所处的情况，那么差不多常是很过得去的局面。我愿一般幻想病者接受圣者伊虐斯①在修炼苦行中所劝人的方法，即必须把我们的情操的对象，努力想象出来，丝毫不加改变。

你曾想做部长而没有做到。这是什么意思呢？是说你不必自朝至暮去接见你不愿见的干求者；是说你对于无数的麻烦事情、你无暇加以研究的事情，不必负责；是说你不必每星期日出发到遥远的县份中去，受市府乐队及救火会军乐队

① 伊虐斯（Ignacio de Loyola），现译圣依纳爵，西班牙人，是罗马天主教耶稣会的创始人。

的欢迎，你不必在那里演讲什么欧洲政局问题，以致在翌日引起十几国的报纸的攻击。没有这些舒服事做，你不得不过着安静的生活，度着悠闲的岁月，重读你心爱的书籍，如你欢喜朋友，还可和他们谈天。假使你多少有些想象力的话，这便是你的失败所代表的种种现象。这是一桩不幸么？"今晚，"史当达写道，"我因为没有做到州长而我的两个助理却做到了，故灵魂上微微受着悲哀的创伤。但若我必须在六千人口的窟洞里幽闭四五年时，恐怕我更要悲哀哩。"

假令人们对于自己一生的事故，用更自由的精神去观察时，往往会识得他们所没有得到的，正是他们所不希冀的。因为"我愿结婚……我希望当州长……我极想作一幅美丽的肖像画"之类的口头的愿望，和一切人类实在的愿望有很大的区别。后者是和行为暗合的。除了若干事实的不可能外，一个人自会获得他一意追求的东西。要荣誉的人获得荣誉，要朋友的人获得朋友，要征服男子的女人终于征服男子。年轻的拿破仑要权力，他和权力之间的鸿沟似乎是不可能超越的，而他竟超越了。

固然，有许多情形，因恶意的事故使事情不能成功。要轰动社会不是容易的事，人自身之中便有阻碍存在，这是屡见不鲜的情景。他自以为希冀一种结果，他自身却有某些更强烈的成分使他南辕北辙。再用于勒·洛曼的小说来作比罢。上文提及的儿童的父亲，巴斯蒂特（Bastide），自以为要谋事，实际上却拒绝人家给予他的位置，故仔细观察之下，他原不希望有事情做。我屡屡听到作家们说："我要写某一部书，但我所过的生活不允许我。"这是真情；但若他热烈地要写那部书，他定会过另一种生活。巴尔扎克的坚强意志，对于作品的忠诚，即有他的生活——更准确地说，他的作品，为之证明。

在柏拉图《共和国》（*République*）第十卷中，有一段关于"幸福"的美妙的神话，即阿尔美尼人哀尔（*Er l' Arménien*）下入地狱，看见灵魂在死后所受的待遇那个故事。一个传达使把他们齐集在一起，对着这些幽灵作如下的演说：

"过路的众魂，你们将开始一个新的途程，进入一个会得死火的肉体中。你们的命运，并不由神明来代为选择，而将由你们自己选择。用抽签来决定选择的次序，第一个轮到的便第一个选择，但一经选择，命运即为决定，不可更改的了……美德并无什么一定的主宰；谁尊敬它，它便依附谁；谁轻蔑它，它便逃避谁。各人的选择由各人自己负责；神明是无辜的。"

这时候，使者在众魂前面掷下许多包裹，每包之中藏有一个命运，每个灵魂可在其中捡取他所希冀的一个。散在地上的，有人的条件，有兽的条件，杂然并存，摆在一起。有专制的暴力，有些是终生的，有些突然中途消失，终于穷困，或逃亡，或行乞。也有名人的条件，或以美，或以力，或以祖先的美德。也有女人的命运：荡妇的命运，淑媛的命运……在这些命运中，贫富贵贱，健康疾病，都混合在一起。轮着第一个有选择权的人，热衷地上前，端相着一堆可观的暴力；他贪心地、冒失地拿起，带走了，随后，当他把那只袋搜罗到底时，发现他的命运注定要杀死自己的孩子，并要犯其他的大罪。于是他连哭带怨，指责神明，指责一切，除了他自己之外，什么都被诅咒了；但他已选择了，他当初原可以看看他的包裹的啊。

看看包裹的权利，我们都有的。你为了野心或金钱而选中这一件婚姻，但你如我们一样明知那女子是庸俗的，两年三年之后，你怨她愚蠢，但你不是一向知道她是愚蠢的么？一切都在包裹里。一味地追求财富或荣誉，差不多老是要使人变得不幸，这是无须深长的经验便可发觉的。为什么？因为这一类的生活，使人依赖身外之物。过分重视财富的人最易受着伤害。野心家亦如此；因了他自己也不明白的事故，因了一句传讹的话，使他遭强有力者的厌恶以致失败了，或被民众仇视甚至凌虐。他将谓没有运气，命运和他作对。然而凡是追逐不靠自身而依赖外界方能获得的幸福的人，命运总是和他作对的啊！这亦是在包裹之内的。神明终是无辜的呢。

野心与贪心使我们和别人冲突，但还有更坏的灾祸的成因，即是和我们自己冲突。

"我也许做错了，也许自误了，但我已竭尽所能，我依着我自己的思想而行动的。我说过的话，或者我此刻还可重说一遍，或者假令我的见解改变了，我可毫无惭愧地承认是为了极正当的理由，因为我以前所依据的材料不正确，或因为我推理有误。"

当我们反顾昨日以至一生的行为而能说这种坦白的话时，我们是幸福的。只要有此内在的调和，多少苦恼的幻想，多少和自己的斗争，都可消灭。

按诸实际，这自己和自己的协调是稀有的；我们内心都是冲突。我们中每个人内部有一个"社会人"与情欲炽盛的"个人"，有灵与肉，神与兽。我们受着肉欲的支配，但在沉沦之后我们又很快回复为明哲之士。想到此层，真是可憎。赫克斯莱^①曾言：

"一个人不能听从自己的'断续支离性'（discontinuité）来行事。他不能使自己在饭前是一个人，饭后又是一个人。他不能听任时间、心情或他的银行往来账去支配他的人生哲学。他需要替自己创造出一个精神范型，以保障他的人格之

———————

赓续性。"

但这内在的秩序与和谐是难以维持的，因为我们的思想，其实在的根源多数和我们所想象的有异。我们自以为是理智的推敲，其实是我们用了错误的判断与并不坚实的论辩，以满足我们的怨恨或情欲。我们怀恨某个民族、某个社会，因为这民族、这社会中的一个人，在我们一生的重要场合损害了我们之故。我们不肯承认这些弱点，但在我们内心，却明知有这些弱点存在，于是我们对自己不满，变得悲苦、暴烈、愚妄、侮辱朋友，因为我们知道自己不能成为愿望成为的人物。在此，苏格拉底①的"认识你自己"的教训，便变得重要了。一个智慧之士，若欲达到宁静的境界，首先应将使他思想变形的激情与回忆，回复成客观的，可以与人交换、向人倾吐的思想。

幻想除与过去发生关系外，还有与未来的关系。"不幸"的另一原因是，在危险未曾临到时先自害怕，先自想象

---

① 苏格拉底（Socrates），公元前 5 世纪古希腊思想家。

危险的景况。有些恐怖固然是应当的，甚至是必需的。一个不怕给汽车撞倒的人，便可因缺少想象而丧生。一个民族，若不怕敌对的、武装的邻人，很快会变成奴隶。但若对于那些太难预料的危险也要害怕，那是白费的了。我们认识有些人，因为害怕疾病，因为恐惧丧生而不愿活下去了。凡是害怕丧失财产的人，想象着可能使他破产的种种灾祸，放弃他眼前所能享受的幸福，而去酝酿自己的不幸，这些不幸若竟发生了，亦即是把他磨折到祸由自招的不幸的地步。嫉妒的人，设想他的爱人的德性会有丧失的危险；他无法摆脱这种思念，终于把情人对他的爱消灭了，只因为监视过严：他害怕的失恋，终于临到了，只因为他太谨慎周密。

一件灾祸未曾临到的形象，比着灾祸本身更加骇人，故恐怖的痛苦格外强烈，且亦更其无聊。疾病是残酷的，但看见别人患病而引起我们的害怕更残酷，因为真正病倒了时，发热与病时状态，好似造成了一个新的躯体，使其反应的方式与平时异样。多数的人怕死，但我们所能想象到的一切死的境界是不真确的，因为第一，我们不知道自己的死是否突如其来的，且在寻常状态中，对于"死"这天然现象，自有一种相当的肉体状态去适应的。我曾有一次遇险，几乎丧生，我还留着极确切的形象。我失去了知觉，但我所有在出事前数秒钟的情形的回忆，并不痛苦。阿仑认识一个人，如阿尔美尼人哀尔一样，曾经游过地狱，他是溺死了被救醒转来的。这死而复苏的人，叙述他的死况，一点也不痛苦。

　　我们对于未来的判断老是错误的，因为我们想象痛苦的事故时，我们的精神状态是尚未经受那种事故的人的精神状态。人生本身已够艰苦了，为何还要加之虚妄的、惨痛的预感呢？在一部最近的影片中，有一幕表现一对新婚夫妇搭着邮船度蜜月去，他们瞭望着大海，正是幽静的良夜，远处奏着音乐。两个年轻人走远的时候，我们看到刚才被他们身子掩蔽着的护胸浮标，上面写着"地坦尼克"①。于是，为我们观众，这一幕变成悲怆的了，因为我们知道这条船不久便要沉没；为剧中的演员，这良夜始终是良夜，如其他的良夜

————————

① 地坦尼克（Titanic），现译泰坦尼克，世界著名巨船——英国邮船——1912 年 4 月 14 日在大西洋中为冰山撞沉。

一样。他们若果恐惧，这恐惧亦将是准确的预感，但因了恐惧，未免白白糟蹋了甜蜜的时光。许多人即因想象着威胁他们的危险而把整个的一生糟蹋了。

"只要顾到当天的痛苦，已足。"

末了，还有富人阶级及有闲阶级的不幸，其最普通的原因是烦闷。谋生艰难的男女，可能是很苦的，但不会烦闷。有钱的男女，不去创造"自己的"生活而等待着声色之娱时，便烦闷了。声色之娱对于具有"自己的"生活之人①确是幸福的因素之一，因为他在声色之娱中自己亦变成了创造者。正在恋爱的人爱观喜剧，因为他生活于其中。如果慕索里尼观《凯撒》一剧时，一定会幻想到自己的书桌。但若观众永远只是观众，"若观剧者在自己的生活中不亦是一个演员"的话，烦闷便侵袭他了，由烦闷，更发生大宗的幻想病，例如对于自己作种种的幻想，对于无可挽救的过去的追悔，对于渺茫不测的前途的恐惧。

---

① 即具有独立生活之人。

对于这些或实在或幻想的病，有没有逃避之所或补救之方呢？许多人认为不可能，因他们觉得把此种挽救的可能性加以否认，亦有一种苦涩的、病态的快感，这真是怪事。他们在不幸中感到乐趣，把想要解放他们的人当作仇敌，当作罪人。固然，在遭遇了丧事或苦难或重大的冤枉的失败时，最初几天的痛苦，往往任何安慰都不相干。这时候，做朋友的只能保持缄默、尊重、叹惜、扶掖、静待的态度。

但谁不识得家庭中那些擅长哭泣的女子，努力用外表的标识去保持易被时间磨灭的哀伤？那般一味抓住无法回复的"过去"的人，如果他们的痛苦只及于他们个人的话，我为他们叹惜；但若他们变成绝望的宣传员，指责希望生活得更年轻、更勇敢的人时，我要责备他们了。

哭泣之中，总有多少夸耀的成分……

这种夸耀，我们须得留神。真正的痛苦会自然而然地流露出来，即在一个努力掩藏痛苦、绝不扰及旁人的人，也是如此。我曾在一群快乐的青年人中，看到一个女子，刚经历过惨痛的、幽密的悲剧，她的沉默，勉强的笑容，不由自主的出神，随时都揭破她的秘密，但她勇敢地支持着她虚幻的镇静，不妨害旁人的欢乐。假使你必须远离了人群，必须天天愁叹方能引起你的回忆时，那是你的记忆已不忠实了。我们对于亡故的友人所能表示的最美的敬意，只有在生存的友人身上创造出和对于亡友一般美满的友谊。

可是怎么避去固执的思念呢？怎么驱除那些萦绕于我们的梦寐之间的思想呢？

最广阔、最仁慈的避难所是大自然。森林、崇山、大海之苍茫伟大，和我们个人的狭隘渺小对照之下，把我们抚慰平复了。十分悲苦时，躺在地上，在丛树、野草之间，整天于孤独中度过，我们会觉得振作起来。在最真实的痛苦中，也有一部分是为了社会法统的拘束。几天或几小时内，把我们和社会之间所有的关联割断一下，确能减少我们的障翳，使我们少受些激情的磨难。

故旅行是救治精神痛苦的良药。若是长留在发生不幸的地方，种种琐屑的事故会提醒那固执的念头，因为那些琐屑的事故附丽着种种回忆，旅行把这锚索斩断了。但不是人人

169

能旅行的啊！要有时间，要有闲暇，要有钱。不错。然而不必离去城市与工作，亦可以换换地方。你无须跑得很远。枫丹白露①的森林，离开巴黎只有一小时的火车，那里你可以找到如阿尔卑斯山中一样荒漠的静寂；离开桑里②不远，即有一片沙漠；凡尔赛③园中也老是清静岑寂，宜于幽思默想，抚复你的创伤。

痛苦的人所能栖息的另一处所，是音乐世界。音乐占领着整个的灵魂，再没有别的情操的地位。有时它如万马奔腾的急流一般，把我们所有的思想冲洗净尽，而后我们觉得胸襟荡涤，莹洁无伦；有时它如一声呼喊，激起我们旧日的痛苦，以之纳入神妙的境地之中。随着乐章的前呼后应，我们的起伏的心潮渐归平息；音乐的没有思想的对白，引领我们趋向最后的决断，这即是我们最大的安慰。音乐用强烈的节奏表现时间的流逝，不必有何说辞，即证明精神

---

① 枫丹白露（Fontainebleau），巴黎东南名城，有大森林，有宫殿等。
② 桑里（Senlis），现译桑利斯，法国北部城名。
③ 凡尔赛（Versailles），法国巴黎卫星城，为艺术城市。

痛苦是并不永续的。这一切约翰·克里司朵夫都曾说过，而且说得更好。

"我没有一次悲愁不是经过一小时的读书平息了的。"这是一句名言，但我不十分了解。我不能用读书来医治我真正的悲愁，因为那时我无法集中我的注意于书本上。读书必得有自由的、随心所欲的精神状态。在精神创伤平复后的痊愈期间，读书可以发生有益的作用。但我不相信它能促成精神苦楚的平复。为驱除固执的意念起见，必得要不必集中注意的、更直接的行动，例如写字、驾驶复杂的机器、爬行危险的山径等。肉体的疲劳是卫生的，因为这是睡眠的准备。

睡眠而若无痛苦的梦，则是一种环境的变换；但在一桩灾祸发生后的最初几夜，固定的思念即在梦寐之中亦紧随着我们的。睡眠的人在梦寐中重新遇到他的苦恼，会心惊肉跳地惊醒。如何能重复入睡呢？除了药石之外，有没有精神上的安神方法呢？下面一个方式有时还灵验，即强使自己回忆童年的景象，或青年时的经过。试令自己在精神上生活在你从前未有痛苦的时间内。于是，心灵会神游于眼前的痛苦尚未存在，甚至还不解痛苦的世界内，把你的梦一直引向那无愁无虑的天国中去。

惯在悲哀中讨生活的人会呻吟着说："这一切都是徒然的，你的挽救方策很平庸，毫无效力。什么也不能使我依恋人生，什么也不能使我忘掉痛苦。"

但你怎么知道？你有没有试过？在否认它的结果之前，至少你得经历一下：有一种"幸福的练习"（Gymnastique du bonheur），虽不能积极产生幸福，可能助你达到幸福，能为幸福留出一个位置。我们可以举出几条规则，学着梵莱梨的说法，是秘诀。

第一个秘诀：对于过去避免作过分深长的沉思。

我不是说沉思是不好的。一切重要的决定，几乎都得先经过沉思，凡有确切的目标的沉思，是没有危险的。危险的是，对于受到的损失，遭逢的伤害，听到的流言，总而言之对于一切无可补救的事情，加以反复不已的咀嚼。

英国有一句俗谚说："永勿为了倒翻的牛乳而哭泣。"

172

狄斯拉哀利劝人说："永勿申辩，亦永勿怨叹。"

笛卡尔有言："我惯于征服我的欲愿，尤甚于宇宙系统，我把一切未曾临到的事，当作对于我是不可能的。"

精神应时加冲刷、荡涤、革新。无遗忘，即无幸福。我从未见过一个真正的行动者在行动时会觉得不幸。他怎么会呢？如游戏时的儿童一般，他想不到自己。而过分地想着自己，便是不健全的。

"为何你要知道你是鱼皮做的抑羊皮做的？为何你把这毫不相干的问题如此重视？你难道不能在你自身之外另有一个利害中心而必集注自己直到令人作呕的地步么？"①

由此产生了第二个秘诀：精神的欢乐在于行动之中。

"如我展读着朋友们的著作，听他们的谈话，我几乎要断言幸福在现代世界中是不可能的了。但当我和我的园丁谈话时，我立刻发觉上述思想之荒谬。"②

园丁照料着他的西红柿与茄子，他对于自己的行业与田

---

① 见《D.H.Lawrence 书信》卷二。
② 罗素语。

园都是熟悉的，他知道会有美满的收获，他因之自傲。这便是一种幸福，这是大艺术家的幸福，是一切创造者的幸福。对于聪慧之士，行动往往是为逃避思想，但这逃避是合理的、健全的。"愿而不为的人酿成疫病。"我们亦可说："思而不行的人酿成疫病。"理智而转向虚空方面去，有如一架抛了锚的发动机，所以是危险的。在行动中，宇宙的矛盾和人生的错综，不大会使人惶乱；我们可以轮流看到它们相反的面目，而综合却自然而然会产生。唯在静止中，世界表面的支离破灭方变成惹起悲哀的因子。

单是行动犹嫌不足，还常和我们的社会一致行动，冲突而永存不解，则能磨难我们，使工作变得艰难，有时竟不可能。

第三个秘诀：为日常生活起见，你的环境应当择其努力方向与你相同，且对你的行动表示关心的环境。

与其和你以为不了解你的家庭争斗，与其在这争斗中摧毁你的和别人的幸福，孰若去访求与你思想相同的朋友。若你是信教的，便和教徒们一起生活；若你是革命者，便和革命者一起生活。这亦不妨害你去战胜无信仰的人，但至少你那时在精神上有同志可以依傍。成为幸福，并不如一般人所信的那样，需要被多数人士钦佩敬仰。但你周围的人对你的钦敬是不可少的。玛拉美 [1] 受着几个信徒的异乎寻常的爱戴，较诸那般明知自己的光荣被他们心目中敬爱的人轻视的名人，幸福得多了。修院使无数的心魂感到平和安息，因为他们处于思想、目的完全相同的集团中。

第四个秘诀：不要想象那些遥远的、无可预料的灾祸以自苦。

几天以前，在蒂勒黎公园中，儿童啊，喷泉啊，阳光啊，造成一片无边的欢乐，我却遇到一个不幸的人。孤独地，阴沉地，他在树下散步，想着财政上的、军备上的祸变，为他，他和我说，"在两年前已经等待了的"。

"你疯了么？"我和他说，"哪一个鬼仙会知道明年怎样？什么都艰难，太平时代在人类历史上是既少且短的。但将来的情形，一定和你悲哀的幻想完全不同。享受现在罢。

---

① 玛拉美（Stéphane Mallarmé），现译马拉梅，19 世纪法国象征派诗人。

学那些在水池中放白帆船的儿童罢。尽你的责任，其余便听上天去安排。"

当每个人对于世间的事故能有所作为时，应当想到将来。一个有作为的人不能为宿命论者。建筑师应当想到他经造的房屋的将来，工人应当想到他老年时的保障，议员应当想到他投票表决的预算案的结果。但一经选择，一经决定，便得使自己的精神安静。若是预测的原素不近人情或超越人情时，预测无异疯狂。

"广博而无聊的哲学，浮泛的演辞的大而无当的综合，才会随便谈着几百年的事和一切进化问题。真正的哲学顾虑现在。"①

最后一个秘诀是为那些已经觉得一种幸福方式的人的：当你幸福的时候，切勿丧失使你成为幸福的德性。

多数男女在得意时忘记了他们借以成功的谨慎、中庸、慈爱等的优点。他们因得意而忘形，而傲慢；过度的自信使

---

① 见切斯特顿著：*Orthodoxie*（《友好的敌人》）。切斯特顿（G. K. Chesterton），英国作家。

他们抛弃稳实的工作，故不久他们即不配享受他们的幸运了。幸运变成厄运。于是他们惊相骇怪了。古人劝人在幸福中应为神明牺牲，实有至理，萨莫斯王巴里克拉德，把他的指环奉献神明[①]，但将巴里克拉德的指环掷向大海的方式不止一端。最简单的是谦虚。

这些秘诀并非我们发明的；自有哲人与深思之士以来，即有此种教训。顺从宇宙的偶然，节制自己的愿欲，身心的融洽一致，这是古人们所劝告的，无分禁欲派或享乐派，这是玛克·奥莱尔[②]的道德，是蒙丹的道德，亦是现代一切明哲之士的道德。

"怎么？"反对明哲的人（是尼采，是奚特，——但奚特是那么错综，有时亦是明哲——在新的一代中也许是玛洛[③]）

---

① 萨摩斯（Samos），现译萨莫斯，为爱琴海东岸一小岛，昔属土耳其，今归希腊。公元前7世纪至前6世纪中，有王克拉斯特，安享荣华，垂四十年。唯古训对于幸运时期过长的人，素视为不吉；故将其最心爱之指环投入海中，祭献神明，冀邀神佑，俾获善终。但指环在鱼腹中复得，为神明拒受之兆。不久，敌军攻入，克拉斯特被钉死十字架上。
② 玛克·奥莱尔（Marc-Aurèle Fortin），美国画家。
③ 玛洛（André Malraux），现译马尔罗，20世纪法国小说家。

会说，"怎么！接受这种平板庸俗的命运？……这种凡夫俗子的幸福？……拒绝艰难奇险的生活？……屈服，顺从？……你贡献我们这些么？我们不要幸福，我们要英雄主义。"

反对明哲的人，你们有一部分理由，我将试着表明幸福并非屈服、顺从，并非安命，而是欢乐。但你们以为明哲本身不即是一种英雄的斗争，这便错了。所谓安于世变，是在世变并不属于我们的行为限度内，可绝非对于自己的一种怠惰的满足。我们顺受大海及其风波，群众及其激情，人及其冲突，肉体及其需要，因为这是问题的内容，若是接受时，无异对一个幻想的虚妄的世界徒发空论了。但我们相信，可能稍稍改变这宇宙，在风浪中驾驶，控制群众，尤其是改变我们自己。我们不能消灭一切疾病、失败、屈服的原因（你们也不见得比我们更能够），但我们可把疾病、失败、屈服，造成一个战胜与恢复宁静的机会。

"人并不企求幸福，"尼采说，"只有英国人才企求。"又说："我不愿造成我的幸福；我愿造成我的事业。"可是为何我们不能在造成事业之时亦造成我们的幸福呢？幸福并非舒适，并非快感的追求，亦不是怠惰。一个冷酷的哲学家也和大家一样寻求幸福，只是他有他的方式罢了。

> 我相信奴隶终于嫉妒他的铁链，
>
> 我相信鹰鸷之于柏洛曼德^①，亦是温和亲切，
>
> 伊克孙^②在地狱中亦颇自喜。

当一个人爱他的鹰鸷时，即是说他并非轻蔑幸福，而是在他的心、肝被鹰鸷啄食之中感到幸福，或因为此种痛苦能使他忘记另一种更难受的内心的痛苦。关于此种问题，各人总是为了自己说法的。

实际是，禁欲派的明智只是趋向幸福的途程中的第一阶段。它把精神上一切无谓的苦闷加以扫荡，替幸福辟出一个

---

① 柏洛曼德（Prométhée），现译普罗米修斯，希腊神话中，火神普罗米修斯代表人类最初的文明。他用泥土造了人以后，又从天上偷了火来使他活动。丘比特把潘多拉带的一只致命的匣子给他的弟弟埃庇米修斯，把普罗米修斯锁在高加索山巅，让鹰鸷啄食他的肝，啄食完了，明天再生出来给它们啄食。
② 伊克孙（Ixion's whee），现译伊克西翁，亦神话中的英雄，被罚入地狱推动火轮。

地位。它勒令最无聊、最平庸的情操保守缄默。这第一步斩除荆棘的使命尽了之后，幸福的旋律方能在它创造就的氛围中响亮起来。但这真实的幸福究竟是什么呢？我相信它是与爱、与创造的喜悦，换言之，与自我的遗忘，混合的。爱与喜悦可有种种不同的方式，从两人的相爱起，直到诗人所歌咏的宇宙之爱。

"凡是没有和爱人一起度过几年、几日、几小时的人，不知幸福之为何物，因为他不能想象此永续不断的奇迹，会把本身很平凡的事故及景色造成生命中最神奇的原素。"

史当达是最懂得爱与幸福合一的人之一。我再可引述一遍他描写邓谷①的幸福。他幽闭在西班牙牢狱中，什么都值得惧怕，尤其是死。但于他毫不相干。这些渴望的、可怖的日子，因了克莱丽婀②短时间的显现而变得光明灿烂：他幸福了。

凡是一个青年能借一个女子的爱而获得的幸福，做母亲的能借母爱而获得，做首领的能借同伴的爱戴而获得。艺术

① 邓谷（Fabrice del Dongo），现译东戈，《巴马修道院》中男主人公。
② 克莱丽婀（Clélia），现译克莱利亚。

家能借作品之爱好而获得，圣者能借神明之敬爱而获得。只要一个人整个地忘掉自己，只要他由于一种神秘的动作而迷失在别种生命中，他立刻沐浴在爱的氛围中了，而一切与此中心点无关的世变，于他显得完全不相干。

"一个不满足的女人才爱奢华，一个爱男人的女人会睡在地板上。"

为那些在别一个人身上寻求幸福的人，所难的是选择一个能回报他们的爱的对手。不幸的爱情也曾有过幸福的时光，只要自我的遗忘是可贵的话。如格里厄之于玛侬，一个男人为女人牺牲一切，即使这女人骗了他，他亦感得一种痛苦的快感。但相互的爱，毫无保留而至死方休的爱所能产生的幸福，确是人类所能得到的最大的幸福之一了。

不错，若一个人所依恋的对象是脆弱的生物时，更易受到伤害。凡是热烈地爱一个女人、爱儿童、爱国家的人，易招命运之忌，授予命运以弄人资料①。从此，命运得以磨难

① 此处以萨莫斯王之故事为隐喻，可参阅前面注释。

他，虽然他很壮实；得以挫折他，虽然他很有权势；可以迫
使他乞恩求佑，虽然他很勇敢，虽然他不畏苦难。他在它的
掌握之中。他因爱人的高热度所感到的狂乱烦躁的痛苦，会
比他自己的疾病或失败所致的痛苦强烈万倍。强烈万倍，因
为一个病人是被疾病磨炼成的，被热度煽动起来的，被疲乏
驯服了的，但一个并不患病而恋爱的人，却因所有的精力都
完满无缺之故，更感痛苦。他爱莫能助。他愿自己替代她，
但疾病是严酷的，冷峻的，专制的，紧抓着它选中的牺牲
者。因为自己没有受到这苦难，他自以为于不知不觉中欺骗
了爱人。这是人类苦难中最残酷的一种。

在此，我们的禁欲派的明智又怎么办呢？它不将说把自
己的命运和脆弱的人的命运连接得如是密切是发疯么？蒙丹
也岂非不愿把人家的事情放在"肺肝之中"么？是啊，可是
蒙丹自己也将痛苦，如果那个牺牲者是他的好友鲍哀茜的
话。不应当否认冲突，冲突确是有的。基督教的明智所以比
禁欲派的更深刻者，即因为它承认冲突之存在。唯一的完满
的解决，只有单去依恋绝对不变之物，真诚的宗教徒能有微

妙的、持久的幸福，也是如此。但人的本能把我们联系于人的一切。在真正的爱情没有被视作儿戏的一切情形中，明智总不会丧失它的价值。它驱除虚妄的灾祸，祛除疯狂的预测，令人不信那些徒为空言的不幸。

因为阻止你达到幸福的最严重的障碍之一，是现代人士中了主义与抽象的公式的毒，不知和真实的情操重复亲接。动物与粗犷的人更为幸福，因为他们的愿欲更真实。洛朗斯曾言："一头母牛便是一头母牛。"它不会自以为水牛或野牛。但文明人，有如鹦鹉受了自己的嚼舌的束缚一般，老是染着无谓的爱憎病。

在蕴藏着多少的"幻想的不幸"的精神狂乱中，艺术家比哲学家更能帮助我们重获明显的现实。学者应当是相对论者，因为他在摸索中探寻灵效的秘诀与近似的假设。唯有神秘的认识，或是艺术，或是爱，或是宗教，才能触及对象本体，唯有这认识，方能产生心灵的平和与自信，方能产生真正幸福。画家玩味着一幅风景，努力想确定它的美点，目光直注着的对象好似要飞跃出来一般去抓住全部的美，当他如是工作的时候，他感到绝对的幸福。狄更斯^①在《圣诞颂歌》（*Cantique de Noël*）中，描写一个自私而不幸的老人怎样突然遇到了幸福，于他一向是不可思议的幸福，因为那时他爱恋着几个人物，而这种爱恋使他摆脱了抽象的恶念。当我们在一霎间窥到了宇宙的神秘的统一性时，当浑噩的山岗、摇曳的丛树、云间的飞燕、窗下的虫蚁，突然成为我们生命的一部分，而我们的生命又成为世界生命之一部分时，我们由于迅速的直觉，认识了宇宙之爱，不复徒是乐天安命的态度而达到了《欢乐颂歌》^②所表白的境界。

"你愿知道幸福的秘密么？"这是数月前伦敦《泰晤士报》在"苦闷栏"内刊布的奇异告白。凡写信去的人都收到一封回信，内面写着圣者玛蒂安^③的两句名言：

"你要求罢，人家会给你；寻找罢，你会获得；叩门

---

① 狄更斯（Charles John Huffam Dickens），19世纪英国作家。
② 《欢乐颂歌》（*Hymne à La Joie*），是席勒著名的诗篇，贝多芬《第九交响乐》末段大合唱歌词，即采用此诗。席勒（Johann Christoph Friedrich von Schiller），18世纪德国诗人。贝多芬（Ludwig van Beethoven），德国音乐家，维也纳古典乐派代表人物之一。
③ 玛蒂安（Saint Matthien），现译圣马蒂厄。

罢，人家会来开启。因为无论何人，要求必有所得，寻找必有所获，而人家在你叩门时必开启。"

这的确是幸福的秘密，古人亦有同样的思想，只是用另一种方式罢了，他们说邦陶尔匣子①里的一切灾祸飞尽之后，底下剩有"希望"。求爱的人得爱，舍身友谊的人有朋友，殚精竭虑要创造幸福的人便有幸福。

但只限于此种人而已。我们少年时，我们在无从置答的方式下提出问题，我们问："在一切观点上都值得爱慕的男人或女人，我怎么能找到呢？我怎样能找到一个毫无瑕疵的朋友值得我信任呢？何种才是能永远保障我国的完满的法律？在何种场合、何种技艺中才能遇到幸福？"这样提出的人生问题是没有一个明智之士能够解答的。

然则何者方为真正的问题？我希望在这次检讨之后，我们对于此问题能有较为明白的观察。何处我能找到一个与我同样残缺的人，能以共同的志愿，在宇宙间、在变幻中造成

----

① 即潘多拉盒子。

一个托庇之所？何者才是难能而必需的德性，能使国家在残缺的制度之下生存？凭借了纪律，忘记了我的恐惧与遗憾，我的精力与时间可以奉献给何种事业？我能造就的是何种幸福，用何种爱去造成这幸福？

在多少抑扬顿挫式的曲折之后，还须学着贝多芬的坚持固执的格调，如在一阕交响乐之终，反复不厌地奏着圆满的和音一般，还得把幸福的题旨重说一遍么？永续的平衡状态在人事中是不存在的。信仰、明智、艺术，能令人达到迅暂的平衡状态。随后，世界的运行、心灵的动乱，破坏了这均衡，而人类又当以同样的方法攀登绝顶，永远不已。在固定的一点的周围，循环往复，嬗变无已，人生云者，如是而已。确信有此固定的中心点时，即是幸福。最美的爱情，分析起来只是无数细微的冲突，与永远靠着忠诚的媾和。同样，若将幸福分析成基本原子时，亦可见它是由斗争与苦恼形成的，唯此斗争与苦恼永远被希望所挽救而已。